建设机械岗位培训教材

平地机安全操作与维修保养

住房和城乡建设部建筑施工安全标准化技术委员会
中国建设教育协会建设机械职业教育专业委员会　组织编写

王　平　主编

中国建筑工业出版社

图书在版编目（CIP）数据

平地机安全操作与维修保养/王平主编. — 北京：
中国建筑工业出版社，2015.4
建设机械岗位培训教材
ISBN 978-7-112-18013-4

Ⅰ.①平… Ⅱ.①王… Ⅲ.①平地机-操作-岗位培
训-教材②平地机-维修-岗位培训-教材　Ⅳ.①TU623.6

中国版本图书馆 CIP 数据核字（2015）第 070071 号

本教材是"建设机械岗位培训教材"之一，内容包括：岗位认知，原理常识，工
法与标准，操作与维保，安全与防护，机械化联合作业与事故应急处理，施工作业现
场常见标志标示。教材全面介绍了平地机产品原理、设备操作、维护保养和安全作业
方面的知识等，具有较强的实践指导作用。本教材既可作为施工作业人员上岗培训教
材，也可以作为职业院校相关专业基础教材。

责任编辑：朱首明　李　明　吴越恺
责任设计：李志立
责任校对：李美娜　陈晶晶

建设机械岗位培训教材
平地机安全操作与维修保养
住房和城乡建设部建筑施工安全标准化技术委员会
中国建设教育协会建设机械职业教育专业委员会　　组织编写
王　平　主编
*
中国建筑工业出版社出版、发行（北京西郊百万庄）
各地新华书店、建筑书店经销
北京红光制版公司制版
北京云浩印刷有限责任公司印刷
*
开本：787×1092 毫米　1/16　印张：9　字数：222 千字
2015 年 4 月第一版　　2015 年 4 月第一次印刷
定价：**26.00** 元
ISBN 978-7-112-18013-4
（27254）

建设机械岗位培训教材编审委员会

本册书特别鸣谢：

中国建筑科学研究院北京建筑机械化研究院

中国建设机械教育协会秘书处

武警部队交通指挥部

全国建筑施工机械与设备标准化技术委员会

住房和城乡建设部标准定额研究所

河南省标准定额站

三一重工昆山培训学校

长安大学工程机械学院

沈阳建筑大学机械工程学院

中国建设劳动学会建设机械分会

前　言

平地机作为土方机械的骨干产品，在我国的生产使用从 20 世纪 60 年代初起步，至今已有 50 多年历史，广泛应用在土方工程和应急抢险等领域，成为土方工程机械化施工的标配设备。随着机械化施工的普及，作业人员对平地机设备及施工技术提出了知识更新的需求。

为推动土方作业机械化施工领域岗位能力培训工作，中国建设教育协会建设机械职业教育专业委员会联合住房和城乡建设部施工安全标准化技术委员会共同构建了建设机械岗位培训教材的岗位知识和岗位能力的结构框架，启动了岗位培训教材研究编制工作，并得到了行业主管部门、高校院所、行业龙头骨干厂、高中职校会员单位和业内专家的大力支持。住房和城乡建设部建筑施工安全标准化技术委员会、中国建设教育协会建设机械职业教育专业委员会联合中国建筑科学研究院、北京建筑机械化研究院、武警部队交通指挥部等单位组织编写了《平地机安全操作与维修保养》一书。本教材全面介绍了平地机专业知识、职业要求、产品原理、设备操作、维修保养、安全作业及设备在各领域的应用，对于普及土方作业机械化施工知识将起到积极作用。

本教材由中国建筑科学研究院建筑机械化研究分院王平高级工程师主编并统稿，住房和城乡建设部建筑施工安全标准化技术委员会李守林主任委员主审。

本教材编写过程中得到了中国建设教育协会建设机械职业教育专业委员会各会员单位、全国建筑施工机械与设备标准化技术委员会的大力支持。北京建筑机械化研究院张淼、李静任副主编；北京建筑机械化研究院王春琢、鲁卫涛、温雪兵、孟竹、刘承桓；武警部队交通指挥部刘振华，施工车辆培训中心林英斌，三一重机昆山培训学校胡坤立、鲁轩轩，衡水公安消防支队李保国，衡水建设工程质量监督站夏君昌、王敬一、王相乙，北京燕京工程管理有限公司马奉公，衡水学院法政系常之林等参与了本书编写；书中插图由王金英绘制。本教材编写过程中得到了长安大学工程机械学院王进教授、沈阳建筑大学机械工程学院张珂教授、李届家教授等多位专家的帮助，一并致谢。

本教材的编写限于时间和能力，难免存在不足之处，敬请广大读者批评指正。

目　　录

第一章 岗 位 认 知

第一节 行 业 认 知

我国平地机产业起步于 20 世纪 60 年代,由天津工程机械厂(现天津鼎盛天工)参照苏联样机试制出第一台机械式平地机。1980 年,天津工程机械厂生产出国内第一台 PY 型产品 PY160A,1985 年又引进德国 O&K-FAUN 公司 F 系列平地机生产技术。此后凭借对平地机设计原理、设计方法和制造工艺多年的理解,开始走上自主研发的道路,1990 年起先后开发生产从 80~280hp 共 9 大类 10 个型号的 PY 系列平地机,可以满足从施工场地作业、乡村公路、高速公路到矿山公路,从农田建设到大面积平整作业的所有使用要求。其产品特点为:引进美国克拉克公司先进技术生产的变矩器与上柴发动机匹配;定轴式动力换挡变速箱,性能可靠;后桥为三段式结构驱动桥,两极减速装有公司专利无滑转差速器,保证各种路况车轮提供足够的牵引力;铰接机架,大的前桥摆动角,以及上下摆动的平衡箱,大大提高了该平地机的作业性能;产品可以根据用户需要,加装前推土板、后松土器、自动调平装置等附件。

1985 年,哈尔滨四海工程机械公司引进了美国德莱赛公司的平地机生产技术,制造出 800 系列平地机,目前主要产品为 850 和 870,其主要配套件均为原装进口。

1997 年,常林股份有限公司引进了日本小松平地机技术,并于 1998 年生产出 160ph 和 190ph 的平地机。目前,其主要产品有 PY165C-3、PY190C-3 和 PY200C-3。其平地机产品具有以下优点:用单个齿轮泵经分流阀向两个操纵阀供油,回转油路合流,既保证了各动作速度,又降低整个系统能耗;为适应重载作业,刮板比一般平地机要厚 30%;在铲刀两侧特别设计边刃,能更好地进行挖沟、路面表层剥离等作业;所有主刃、边刃均为双刃结构,当一侧刃口磨损后,将刃板拆下后换一个方向重新装上即可用另一侧刃口进行作业。

1998 年,徐工集团开发了 PY160B 型平地机,但之后凭借自身的技术优势,独立开发研制出十几个规格型号的平地机产品,产品更新换代较快,现主推 K、GR 系列的 165、180、200、215 平地机。其产品特点为:铰接车架,后桥为三段式驱动桥,主传动装有"No-Spin"无自转闭锁差速器,前进 6 挡,倒退 3 挡的动力变速箱,挡位变换为电位控制,操作灵活方便,速比分布合理。

2000 年,三一重工开始生产和销售自主研发的 PQ 系列全液压平地机,该系列平地机采用机、电、液一体化技术,具有传动环节少、操作简单、便于自动控制和结构布置,维修保养方便等优点,是目前世界上唯一采用静液压驱动技术的大马力平地机。

目前国产平地机生产商主要有徐工集团、鼎盛天工、常林股份有限公司、广西柳工集团、厦工三明、四川成都成工工程机械有限公司、三一重工、哈尔滨四海工程机械公司等。

第二节 从 业 要 求

一、岗位能力

岗位能力主要是指针对某一行业某一工作职位提出的在职实际操作能力。

岗位能力培训旨在针对新知识、新技术、新技能、新法规等内容开展培训,提升从业者岗位技能,增强就业能力,探索职业培训的新方法和途径,提高我国职业培训技术水平,促进就业。

在经过岗位能力培训以后,培训部门会组织培训学员参加岗位能力培训考试,考试合格者将可以取得施工作业岗位培训合格证书和施工岗位作业操作证。该两种证书可由住房和城乡建设部所辖中国建设教育协会建设机械职业教育专业委员会的定点培训机构参加培训并考核通过后获得;该证书是学员通过专业培训后具备岗位能力上岗的重要证明,是工伤事故及安全事故裁定中证明自身接受过系统培训,具备基本岗位能力的重要辅证;同时也是证明自己接受的专业培训和基本岗位能力,符合建设机械国家及行业标准、产品标准和施工规程对操作者的基本入职要求。

学员发生事故后,调查机构会追溯学员培训记录,社保机构也将学员持证上岗作为理赔要件。中国建设教育协会建设机械职业教育专业委员会作为行业自律的第三方,将根据有关程序向有关机构出具学员培训记录和档案的真实情况,作为事故处理和保险理赔的第三方证明材料。因此学员档案的生成、记录的真实性、档案长期保管显得特别重要。学员上岗后还须自觉接受安全法规、技术标准、设备工法及应急事故自我保护等方面的变更内容的日常学习,以完成知识更新。

国家实行先培训后上岗的就业制度,鼓励劳动者自愿参加职业技能考核或鉴定后,获得职业技能证书。对于平地机等通用(非特种设备)工程建设机械,一般只需要通过中国建设教育协会建设机械职业教育专业委员会的定点培训机构(各建设机械制造商培训中心、售后服务机构、职校等)报名进行系统培训,参加考核,考取建设机械施工作业岗位培训合格证书、施工作业岗位操作证即可上岗工作;具备一定工作经验后,可参加技能考核,获得相关岗位的职业技能证书。目前建设机械的岗位技能等级证书可通过中国建设劳动学会建设机械分会报名。参加考核评定。

二、从业准入

所谓从业准入,是指根据法律法规有关规定,对从事涉及国家财产、人民生命安全等特种职业和工种的劳动者,须经过安全培训取得特种从业资格证书后,方可上岗。

对属于特种设备和特种作业的岗位机种,学员应在获取岗位能力培训合格证书和施工作业操作证书后,自觉接受政府和用人单位组织的安全教育培训,考取政府的特种从业资格证书。2012年起,工程建设机械已经不再列为特种设备目录(塔吊、施工升降机、大吨位行车等少数机种除外)。平地机、挖掘机、装载机、高空作业车等大部分机种的建设机械目前已不属于特种设备,不涉及特种作业,因此对操作者不存在行业准入从业资格问题。

三、知识更新与终身学习

终身学习指社会每个成员为适应社会发展和实现个体发展的需要，贯穿于人的一生的，持续的学习过程。终身学习促进职业发展，使职业生涯的可持续性发展、个性化发展、全面发展成为可能。终身学习是一个连续不断的发展过程，只有通过不间断的学习，做好充分的准备，才能从容应对职业生涯中所遇到的各种挑战。

建设机械施工作业的法规条款和工法、标准规范的修订周期一般为3～5年，而产品型号技术升级则更频繁，因此，建设行业的施工安全监管部门、行业组织均对施工作业人员提出了持证期内在岗日常学习和不定期接受继续教育的要求，目的是为了保证操作者及时掌握设备最新知识和标准规范和有关法律法规的变动情况，保持施工作业者的安全素质。

平地机的操作者应自觉保持终身学习和知识更新、在岗日常学习等，以便及时了解岗位相关知识体系的最新变动内容，熟悉最新的安全生产要求和设备安全作业须知事项，才能有效防范和避免安全事故。

终身学习提倡尊重每个职工的个性和独立选择，每个职工在其职业生涯中随时可以选择最适合自己的学习形式，以便通过自主自发的学习在最大和最真实程度上使职工的个性得到最好的发展。兼顾技术能力升级学习的同时，也要注意职工在文化素质、职业技能、社会意识、职业道德、心理素质等方面的全面发展，采用多样的组织形式，利用一切教育学习资源，为企业职工提供连续不断的学习服务，使所有企业职工都能平等获得学习和全面发展的机会。

第三节　职业道德常识

一、职业道德的概念

职业道德是指所有从业人员在职业活动中应该遵循的行为准则，是一定职业范围内的特殊道德要求，即整个社会对从业人员的职业观念、职业态度、职业技能、职业纪律和职业作风等方面的行为标准和要求。属于自律范围，它通过公约、守则等对职业生活中的某些方面加以规范。

二、职业道德规范要求

建设部于1997年发布的《建筑业从业人员职业道德规范（试行）》中，对平地机操作人员相关要求如下：

1. 建筑从业人员共同职业道德规范

（1）热爱事业，尽职尽责

热爱建筑事业，安心本职工作，树立职业责任感和荣誉感，发扬主人翁精神，尽职尽责，在生产中不怕苦，勤勤恳恳，努力完成任务。

（2）努力学习，苦练硬功

努力学文化，学知识，刻苦钻研技术，熟练掌握本工种的基本技能，练就一身过硬本领。努力学习和运用先进的施工方法，钻研建筑新技术、新工艺、新材料。

（3）精心施工，确保质量

树立"百年大计、质量第一"的思想，按设计图纸和技术规范精心操作，确保工程质量，用优良的成绩树立建安工人形象。

（4）安全生产，文明施工

树立安全生产意识，严格安全操作规程，杜绝一切违章作业现象，确保安全生产无事故。维护施工现场整洁，在争创安全文明标准化现场管理中做出贡献。

（5）节约材料，降低成本

发扬勤俭节约优良传统，在操作中珍惜一砖一木，合理使用材料，认真做好落手清、现场清，及时回收材料，努力降低工程成本。

（6）遵章守纪，维护公德

要争做文明员工，模范遵守各项规章制度，发扬团结互助精神，尽力为其他工种提供方便。

提倡尊师爱徒，发扬劳动者的主人翁精神，处处维护国家利益和集体利益，服从上级领导和有关部门的管理。

2. 中小型机械操作工职业道德规范

（1）集中精力，精心操作，密切配合其他工种施工，确保工程质量，使工程如期完成；

（2）坚持"生产必须安全，安全为了生产"的意识，安全装置不完善的机械不使用，有故障的机械不使用，不乱接乱电线。爱护机械设备，做好维护保养工作；

（3）文明操作机械，防止损坏他人和国家财产，避免机械噪声扰民。

3. 汽车驾驶员职业道德规范

（1）严格执行交通法规和有关规章制度，服从交警的指挥；

（2）严禁超载，不乱装乱卸，不出"病"车，不开"争气"车、"英雄"车、"疲劳"车，不酒后驾车；

（3）服从车辆调度安排，保持车况良好，提高服务质量；

（4）树立"文明行驶，安全第一"的思想；

（5）运输砂、石料和废土等散状物件时，防止材料洒落沾污道路。

第二章 原 理 常 识

第一节 术 语 和 定 义

1. 平地机

属于自行的轮式机械，在其前后桥之间装有一个可调节的铲刀。该机械可配置一个装在前面的铲刀（推土板）或松土耙，松土耙也可装在前后桥之间。

2. 主机

指制造商使用说明书所叙述的，不带有工作装置的平地机，它备有固定附属装置所必需的连接件。

3. 工作装置

指安装在主机上的一组部件，用以完成其基本的设计功能。

4. 附属装置

指可选择的部件总称，安装在主机上，用于专门的用途。

5. 工作质量

指主机、制造厂规定的工作装置、司机（75kg）、装足油的燃油箱、润滑油箱、液压系统和冷却系统的质量。

6. 净功率

发动机配备有必需的附件时，在相应的发动机转速下，曲轴末端或其相当部位在试验台上获得的功率。

7. 最大行驶速度

指在坚硬水平地面上，每个前进挡和后退挡上所能达到的最大速度。

8. 转弯半径

指在规定的试验条件下，当机器进行最大偏转的转弯时，其轮胎中心（划出最大圆的车轮）与试验场地表面接触所形成的圆形轨迹直径的二分之一。

9. 前桥离地间隙，$H18$

指基准地面与该桥上两个位置之间沿 Z 坐标的距离（坐标轴示意图如图 2-1 所示），两个位置是：

（a）位于零 Y 平面上的前桥的最低点；

（b）在零 Y 平面任一侧，前轮距的 25% 处，前桥的最低点，如图 2-2 所示。

10. 铲刀高度，$H19$

指在铲刀中间位置，从刀片下缘到铲刀上缘沿 Z 坐标轴的距离，如图 2-3 所示。

11. 铲刀提升高度，$H20$

铲刀位于一 X 平面内，从基准地平面到刀片下缘所在 Z 平面的垂直距离。如果铲刀切削角可调，则将其调至使铲刀提升高度达到最大的那个角度，如图 2-4 所示。

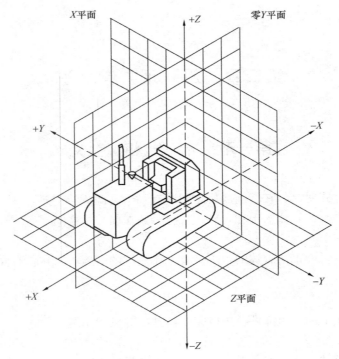

图 2-1　三维坐标系统图

GB/T 18577.1—2008 定义的 X、Y、Z 可参照三维坐标系统图，下同。

12. 铲刀长度，W8

通过铲刀或其刀片或侧刀片的两外侧端点铅垂平行平面间的距离，取其较长者，如图 2-5 所示。

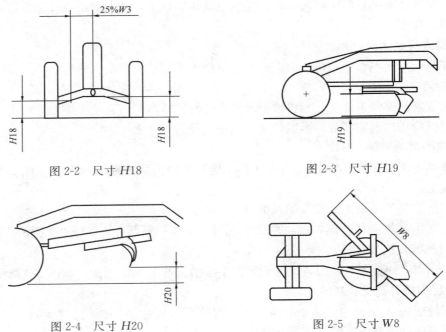

图 2-2　尺寸 $H18$　　　　　　　　图 2-3　尺寸 $H19$

图 2-4　尺寸 $H20$　　　　　　　　图 2-5　尺寸 $W8$

第二节　平地机分类

一、按行走方式分类

平地机按行走方式可分为拖式和自行式两种。拖式平地机需由专用车辆牵引作业，自行式平地机由发动机驱动行驶作业。前者由于机动性和操纵控制性差、作业效率低等原因，已较少应用，基本被淘汰。目前平地机市场主要以自行式平地机为主。

二、按发动机功率或铲刀长度分类

类型	铲刀长度/m	发动机功率/kW	质量/kg
轻型平地机	＜3	44～66	5000～9000
中型平地机	3～3.7	66～110	9000～14000
重型平地机	3.7～4.2	110～220	14000～19000

三、按车轮轮胎数目分类

平地机按车轮轮胎数目的不同，可分为四轮（两轴）和六轮（三轴）两种，其布置形式的表示方法为：车轮总轮数×驱动轮数×转向轮数。其中，驱动轮数，代表平地机作业时所能提供的附着牵引力的大小，驱动轮数越多，附着牵引力越大；转向轮数，代表平地机的转弯半径的大小，转向轮数越多，转弯半径越小。

（1）四轮平地机：

4×2×2 型——前轮转向，后轮驱动；

4×4×4 型——全轮转向，全轮驱动。

（2）六轮平地机：

6×4×2 型——前轮转向，中后轮驱动；

6×6×2 型——前轮转向，全轮驱动；

6×6×6 型——全轮转动，全轮驱动。

目前国内外平地机多采用三轴式，即六轮平地机，其后桥为双轴四轮，为使各轮受力均衡，后桥装有平衡器。前轮为单轴双轮，为方便转向，前桥装有差速器。三轴式平地机行驶平稳，平整作业效果好，即使在单侧负荷下仍能保持直线行驶，作业效率高，因而被广泛应用。

四、按机架结构分类

平地机按机架结构不同，可分为整体式和铰接式两种。整体式机架是将前后车架作为整体，这种机架刚性好，也称刚性机架，如国产 PY160B 型平地机采用的就是整体式机架。铰接式机架是将两者铰接，用液压缸控制其转动角，使平地机获得更小的转弯半径，如美国卡特彼勒 G 系列，常林 PY190A 型等。

目前现代平地机多数采用铰接式机架，与整体式机架相比，其优点是：①转弯半径小，一般比整体式小 40% 左右，可以很容易地通过狭窄地段，能快速调头，在弯道多的路面上尤为适宜；②作业范围广，作业盲区较少；③斜坡作业时，可将前轮置于斜坡上，而后轮和机身可在平坦地面上行进，提高平地机工作时的稳定性和安全性。

五、按操纵方式分类

平地机按操纵方式不同，可分为机械操纵和液压操纵两种。目前，自行式平地机的工作装置、行走装置多采用液压操纵。

六、按传动方式分类

平地机按传动方式分类，可分为机械式平地机、液力机械式平地机和静液压平地机三种。

（1）机械式平地机：由于机械传动具有较高的传动效率，采用变速箱直接传动方式在国际市场上仍占有主流位置，欧美平地机生产商比如卡特彼勒、沃尔沃和约翰·迪尔等都以生产机械式平地机为主。机械传动从手动换挡到动力换挡，使得平地机的稳定性不断提高。多挡位变速箱的应用，扩大了平地机的速度范围，使得机械传动平地机对负载变化的适应能力大大提高。其传动路线见图 2-6。

图 2-6　机械式传动平地机传动路线

（2）液力机械式平地机：液力机械传动平地机是国内大部分厂家采用的传动方式，由于在变速箱与发动机输出轴之间增加了液力变矩器，大大降低了对换挡技术的要求以及突变负载对变速箱的影响，既实现了换挡的平顺性，满足了作业质量的要求，也具有一定的载荷自适应能力，但整机效率受限于变矩器的高效区范围，因此，不能在所有工况获得高效率，影响作业效率。其传动路线见图 2-7。

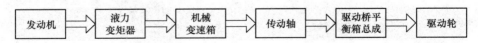

图 2-7　液力机械式传动平地机传动路线

（3）静液压平地机：静液压传动取消了机械变速箱和液力变矩器，采用变量液压泵和变量液压马达联合调速，实现平地机无级自动变速，具有较强的载荷自适应能力，消除了机械和液力机械传动平地机的有级换挡问题，但由于液压泵和液压马达调速范围有限，使静液压传动平地机车速范围相对较窄，在某一速度下效率偏低。但由于其操作简便，可无级调速，通过自动控制技术能实现较强的负载自适应能力，提高作业效率。其传动路线见图 2-8。

图 2-8　静液压平地机传动路线

第三节　国内外技术对比及发展趋势

一、国外平地机发展趋势及主要技术

国外平地机技术的发展多数是把其他工程机械成熟的技术应用到平地机产品上，大大提高了平地机的综合技术水平。目前，国外平地机的主要发展趋势及采用的新技术主要表现在：

（1）多挡位变速箱及自动换挡控制技术

由于机械传动是有级调速，换挡时容易产生冲击，针对这个不足国外厂家开发了变速箱自动换挡技术，Caterpillar 平地机采用的多挡位变速箱，可提供前 8 后 6 共 14 个挡位，Volvo 平地机则配备了前 11 后 6 共 17 个挡位的自动换挡变速箱，具有不停车全动力换挡功能，可以根据不同的作业工况自动选择变速箱的工作挡位，调节发动机的功率大小，选择合适的发动机输出转速和输出扭矩，对动力学和运动学参数进行较好的匹配，有效增强了机械传动平地机对负载的适应能力，减轻了操作者的劳动强度。

（2）前轮驱动技术

国外平地机厂商高端产品均将前轮驱动系统作为标准配置，允许选择前轮独立驱动模式，以提高整机的牵引力，扩大平地机的使用范围。如 John Deere 的 D 系列平地机配有前轮加力系统，允许操作者控制前轮加力的大小，Caterpillar 的 M 系列，Volvo 的 G900 系列平地机，在全轮驱动的同时允许操作者选择纯前轮驱动模式，可以在特殊场合进行高精度平整作业。

（3）行驶驱动系统节能控制技术

国外新型平地机产品普遍采用了基于自动换挡的功率自适应控制及发动机变功率控制等节能技术。采用多功率（扭矩）曲线代替单一特性的匹配方式，在进行不同工况作业时，选择最合适的功率特性曲线，使发动机的利用更为合理，降低发动机燃油消耗，同时可以使驱动系统在面临变化剧烈、波动大的随机载荷时能取得最佳的动力输出。

（4）工作装置多样性

国外平地机产品的工作装置趋于多样化发展，比如 Caterpillar 的平地机可选配四种不同型式的铲刀，用来满足不同的作业工况需求。除了铲刀、推土板、松土器等基本配置外，国外一些平地机还可选配压实滚筒、铲斗、推雪板、挖沟刀和摊铺作业装置等，提高了平地机的利用率，扩大了应用范围。此外，工作装置的操纵方式也从机械和液压操纵不断更新发展为电液自动操纵，提高了作业精度。

（5）其他技术

国外平地机其他特征技术还包括：①工作装置负载敏感、电动比例调节技术；②带锁止装置的液力变矩器技术；③转盘回转驱动装置过载保护技术；④冷却风扇节能技术；⑤状态监测与故障报警技术；⑥施工作业 3D 控制技术；⑦远程通信技术等。

二、国产平地机存在的差距

中国平地机产业起步晚，在引进国外先进技术并消化吸收的基础上，自主创新新产品

来提高自身产品竞争力，但与国外相对发展成熟的平地机产品相比，还存在一定的差距，主要表现在：

（1）传动技术

国外主要平地机产品大多采用机械传动方式，而我国由于制造加工业水平的限制，目前还不能自主生产出符合要求的多挡位变速箱，并且对于换挡技术也没有完全掌握，因此，我国平地机产品目前还很难实现较好的机械传动。液力机械传动由于其高效区作业范围的限制，需增加变矩器的锁止功能来有效弥补该缺陷，但目前国内只有少数厂家对该技术进行研发，并且技术还未成熟。目前的液压传动方式，虽避开了机械传动的制造难度，消除了有级换挡的问题，但仍需要对在某一速度时传动效率低的问题做进一步的改进和完善。

（2）控制系统

国外先进的控制技术多采用工程机械专用控制器，具有电子监控系统、自动故障报警和自动换挡功能，用微电子技术实现整机的全自动化，提升产品的技术水平，大大提高了平地机的经济性。而国产平地机的控制系统大多仍停留在传统 PLC 电气控制阶段，无法满足复杂控制的要求，不能实现对平地机产品的安全、节能、工作状态的智能化控制。

（3）节能技术

国产平地机的节能技术成果相对较少，应用也较少。而国外平地机大多采用了包括发动机变功率节能控制技术、风扇节能控制技术、作业装置负载敏感控制技术等多项节能技术，节省了燃油消耗。

（4）多功能成套作业机具发展不足

目前国产平地机一般只配装前推土板、后松土器，而国外平地机一般都配置有多功能全系列工作装置，除前推后松外还有中松土器、前松土器、料堆清除器、除雪板等，使平地机的功能更加多样化。目前国内多数厂家已开始开发各种各样的工作装置，以满足市场多样化的需求。

（5）其他

相对国外平地机，国产平地机还存在动力配置较低、工作装置负载敏感技术不成熟、功率分布范围窄，低速挡位速度过高、高速挡位速度过低等不足。

第四节　平地机的典型工况

一、基本用途

平地机是一种以铲刀为主，可选配推土板、推雪铲、松土器、松土耙等作业装置，进行土壤切削、刮送和平整作业的牵引式机械。典型作业方法有偏置行驶刮坡、前轮倾斜作业、躲避障碍物、斜行作业、铲刀回转角运用、刮土直移作业等，如图2-9所示。

二、基本工况

平地机用途广泛，可用于道路沟槽背坡与高边坡修筑、沟槽开挖与清理、路肩成形与整理、路面维护、物料撒布与混合、路面精平整、冰雪清除等，如图2-10～图2-17所示，是道路修筑、机场建设、矿山开采、水利建设和农田改良等基础建设施工中不可少的设备。

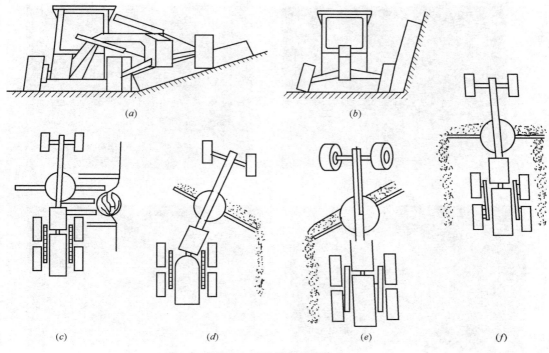

图 2-9 平地机的基本作业

（a）偏置行驶刮坡；（b）前轮倾斜作业；（c）躲避障碍物；

（d）斜行作业；（e）铲刀回转角运用；（f）刮土直移作业

图 2-10 沟槽背坡修筑

图 2-11 高边坡修筑

图 2-12 沟槽开挖与清理

图 2-13 路肩成形与整理

图 2-14 路面维护

图 2-15 物料撒布与混合

图 2-16 路面精平整

图 2-17 冰雪清除

其中，平地机进行除雪作业时，各轮胎必须加装防滑链；为了使雪往路边甩出，除雪铲必须与车辆前进的水平方向成一定的角度，车辆速度必须在 25km/h 以上；为了防止除雪铲刮坏路面，工作时，必须保证除雪铲的底部是浮动的。

第五节 平地机工作原理常识

一、平地机的基本组成

平地机主要由动力系统、行驶系统、作业装置、液压系统、操纵系统、电气系统和基础结构件等部分组成，如图 2-18 所示。

二、机械系统

平地机机械系统包括动力系统、行驶系统、作业装置、驾驶操纵系统和基础结构及附件等。

动力系统包括：发动机主体、进气系统、排气系统、冷却系统、支撑系统等；

行驶系统包括：减速平衡箱总成、后桥架、制动系统、前桥总成等；

作业装置包括：摆架、牵引架、回转圈、铲刀、涡轮箱等标准配置件，另外，还可选装前推土板、后松土器等；

驾驶操纵系统包括：操纵台、驾驶室总成、作业操纵装置、座椅等；

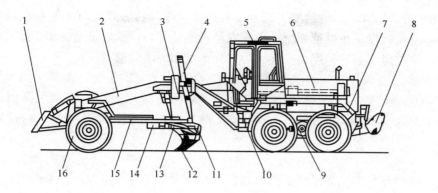

图 2-18 平地机基本组成

1—前推土板；2—前机架；3—摆架；4—铲刀升降液压缸；5—驾驶室；6—发动机罩；
7—后机架；8—后松土器；9—后桥；10—铰链转向液压缸；11—松土耙；12—铲刀；
13—铲土角变换液压缸；14—转盘齿圈；15—牵引架；16—转向轮

基础结构及附件包括：机架、机罩、油箱总成、空调系统等。

1. 动力系统

平地机动力系统包括发动机主体、燃油系统、进气系统、排气系统、散热系统、支撑系统。由于发动机自带有详细的说明书及维修保养手册，在此只简单介绍一下平地机动力部分的特点。

（1）发动机

现代平地机一般采用工程机机械专用柴油机，多数柴油机还采用了废气涡轮增压技术，以适应施工中的恶劣工况，在高负荷低转速下可较大幅度地提高输出转矩。通常在传动系统中装设液力变矩器，它与发动机共同工作，使发动机的负荷比较平稳。国产平地机主要配套上柴 D6114、东风康明斯、潍柴斯太尔发动机，性能优良。国外卡特彼勒、沃尔沃和小松平地机采用自制的专用发动机，均能达到欧 II 排放标准要求，一些新机型已达到欧 III 排放标准要求，如沃尔沃 G900 系列平地机等。

（2）燃油系统

燃油系统是发动机性能能否实现的关键一环，发动机燃油系统应该供给适当的柴油燃料，燃油应当清洁，不包含石蜡固体，不含水或其他腐蚀性液体，不含大量的空气。发动机燃油系统主要包括：燃油箱、油管、油水分离器和燃油精滤器。

1）燃油箱。平地机燃油箱的容积为 300L 左右，能提供一个台班以上的操作。油箱经过电泳处理后涂耐油防锈漆，侧面设计有清洗口，每隔一段时间后应将油箱清洗干净，油箱底设计有放油螺栓，可放掉沉积的水和累积的污垢。

进、回油口距离油箱底面必须在 25mm 以上，两油口距离要在 305mm 以上。加油口装有滤网，能将粗的渣滓过滤掉。

2）油管。发动机燃油油路的进、回油管采用自扣的耐油耐压胶管，由于道依茨发动机采用单体泵，进、回油量大，因此进油管管径要大于 12mm，回油管管径要大于 10mm，当油管长度大于 3m 时，管径需要更大。康明斯发动机为直列泵或转子泵，进、回油量比道依茨的小，也可采用管径与道依茨相同的自扣胶管，能承受一定的真空且不会损坏和吸扁。

3）油水分离器和燃油滤清器。因发动机燃油中不同程度地含有水分和杂质，为了防止水分和杂质进入发动机燃油系统，引起发动机喷油泵与输油器早期磨损，致使发动机冒黑烟、掉速等故障，燃油油路中安装有油水分离器和燃油滤清器。

当燃油通过油水分离器和燃油精滤器时，会遇到一定的阻力，则要求油水分离器和燃油精滤器应满足柴油机油路压力的限值。当油路系统阻力超过发动机限值时，发动机会出现功率不足的问题，因此，必须每天都要放掉油水分离器中的水，按期更换燃油滤芯。

（3）进气系统

进气系统的作用是为发动机提供清洁、干燥、温度适宜的空气进行燃烧以最大限度地降低发动机磨损并保持发动机性能，在用户能接受的合理保养间隔内有效地过滤灰尘并保持进气阻力在规定的限值内。

灰尘是内燃发动机部件磨损的基本原因，而大多数灰尘是经过进气系统进入发动机的；水会损坏、阻塞空气滤清器滤芯，并且可以使发动机和进气系统发生腐蚀。

如果通过进气系统进入发动机的空气密度下降，这将产生排烟增加、功率下降、向冷却系统散热量增加、发动机温度升高等一系列问题。

对柴油机来说，理想的进气温度是 16～33℃。

进气温度过低会导致柴油无法被压燃，点火滞后，燃烧不正常，又可引起冒黑烟、爆震、运转不稳（特别是怠速时）和柴油稀释机油等问题。进气温度每降低 33℃，燃烧温度降低 89℃。

当进气温度超过 38℃后，每升高 11℃，发动机功率下降 2%；进气温度超过 40℃后，每升高 11℃，发动机向冷却水的散热量增加约 3%。

平地机进气系统简单有效，所有空滤器都是两级干式滤清器，滤清效率都达到99.9%，在第一级中，滤清器将大的灰尘离心分离掉，收集在一个橡胶灰尘容纳器中，每隔一定时间用户应将其从系统中排掉。在第二级中，空滤器有一个纸质滤芯，从进气中过滤掉其余的灰尘。滤清器具有足够的容灰度以提供合理的滤芯更换周期，滤芯因灰尘而堵塞时，进气阻力会增加，进入发动机的空气量将减小，影响发动机功率的发挥，因此空滤器滤芯应按发动机要求定期清理或更换。

（4）排气系统

排气系统应保证发动机最佳性能的同时将废气安全地运离发动机并安静地排入大气中。

平地机排气系统必须消减发动机产生的排气噪声以满足法规和用户对噪声的要求，由于发动机排出的废气对人体有害，必须将它们排到远离驾驶室进气口的地方，必须使排气远离发动机进气口和冷却系统以降低发动机工作温度并保证其性能。

排气系统的设计必须能承受系统的热胀冷缩，必须允许发动机的振动和移动，因此我们设计了柔性波纹管，消声器利用支架固定在发动机上，管路很短，减小了排气系统、增压器的内应力，排气阻力小，使排气系统的可靠性大大提高。

排气系统的常见故障有：排气阻力大，原因是消声器自身阻力大、管径小、弯头多，使发动机功率下降，油耗增加，排气温度上升，排气部件故障增加；缺少柔性段或柔性不足，使波纹管易损坏；过定位支撑；排气噪音大。

（5）散热系统

发动机散热系统的正确设计和安装，对于获得满意的发动机寿命和性能是极其重要的。

平地机散热系统是由水散热器、液压油散热器、空调冷凝器、中冷器（对中冷增压发动机）组合而成。

由于空间限制，散热系统迎风面积不可能很大，受平地机布置和行驶方向的影响，平地机可采用吹风式或吸风式风扇。

水散热器为管带式和管片式两种结构；设计有全封闭上水室除气系统，结构紧凑，上水室和下面的散热器之间由隔板完全隔开，仅通过立管连通。上水室顶部有与发动机相连的通气管，底部有与水泵相连的注水管。上水室加水口向下延伸，以提供膨胀空间。加水口靠上位置有一小孔，供排气用；使用压力水盖，加水时，防冻液经上水室流到注水管，然后从水箱底部进入水箱，从水泵入水口进入发动机。水箱和发动机中的空气分别通过上水室立管和发动机通气管排到上水室。在发动机运转过程中，由于循环水并不经过上水室，所以不会将上水室中的空气带入冷却水中，同时通过立管和发动机通气管，不断将冷却系统中的空气除去，这样，发动机启动后，能迅速除去散热系统中的空气，减小空气对发动机水套、水箱的腐蚀，提高发动机和水箱的寿命。又由于除气系统能保证散热系统中无空气，提高冷却液的热交换能力，因此提高了冷却系统的散热能力。

平地机中冷器是用空气作热交换介质，通过空对空中冷器把增压以后的高温进气冷却到足够低的温度，以满足排放法规的要求，同时提高发动机的动力性和经济性。空中冷器同时又属于发动机进气系统，因此除满足散热要求外，清洁和足够的空气对发动机性能至关重要。所以中冷系统的密封可靠非常关键，管路系统应简洁，尽量减小方向的改变。平地机采用不锈钢管和硅胶管，极大地增加了管路的可靠性。由于中冷器中的空气是高温高压空气，如果系统漏气将有啸叫声，并使发动机功率下降。如中冷器使用时间过长，表面不干净使冷却风流通不畅，中冷器散热能力不够也将使发动机的功率下降。

（6）支撑系统

支撑系统的作用是将发动机固定在机架上并将发动机的振动尽可能地消除。平地机支撑系统结构简单，六个减震垫固定在支撑板上，并用螺栓安装在后机架上，当减振垫破损或支撑板与机架干涉时，平地机振动加大或产生共振，导致操作人员不适或损坏平地机。因此要及时排除。

2. 传动系统

平地机传动系统一般分为机械传动、液力机械传动和液压传动三种形式，具体工作原理已在前面章节做以说明，在此不再详细介绍。

（1）后桥架

1）液力机械传动后桥。传统平地机的后桥具有支撑两个平衡箱的作用，其主要功能是驱动减速和差速，一般为三段式结构。后桥中段由主减速器和差速器及其外部壳体组成，左右两侧是行星齿轮减速器及其外部桥壳，桥的两侧分别装配有通过链轮减速的平衡箱。

2）全液压传动后桥

与上述传统平地机的后桥相比，全液压平地机由于采用了静液压驱动技术，其后桥完全简化为一个只具有支撑功能的桥架，省去了传统平地机均需配置的具有减速驱动功能的后驱动桥，结构简单，故障少。全液压传动后桥主要由桥架、铜垫、耐磨套、润滑胶管接头和底板组成，（如图2-19所示）。桥架主要起支撑作用，是后机架与减速平衡箱间的联接构件；为保证平衡箱能自由摆动，桥架的内孔和端面上安装有铜垫和耐磨套，该耐磨套具有高耐磨、耐压性能。为了保护后桥架内的液压马达，在桥架底部装配有两块底板。

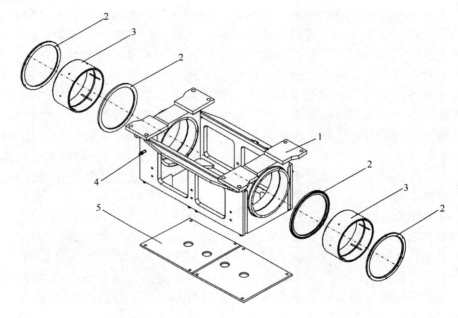

图 2-19　全液压平地机后桥

1—桥架；2—铜垫；3—耐磨套；4—润滑胶管接头；5—底板

（2）减速平衡箱

如图 2-20 所示，减速平衡箱为前后两组相同的三级齿轮减速箱，液压马达输出的力矩从平衡箱中间的齿轮轴端输入，分别经前后两组相同的三级齿轮减速，传递到最后一级减速齿轮上，再通过车轮轴，将动力传输到车轮上，驱动平地机向前或向后行驶。

平衡箱体的一侧有一个中空向外的圆柱形凸台，凸台外表面插入安装在后桥架内耐磨套的孔内，凸台外端面装配有一圆形法兰盘，使平衡箱在左右轴线方向定位，在后桥架与平衡箱及法兰盘与后桥架之间分别安装有一个耐磨铜垫。

平地机工作时，因平衡箱可围绕凸台前后各 15°摆动，导致耐磨套和铜垫磨损，当其磨损到一定程度时，应及时更换。

液压马达安装在法兰盘上，其输出轴通过花键副与平衡箱内的高速齿轮轴联接，齿轮轴同时与前后两个从动齿轮啮合，将动力分别向前后两个方向传递。

图注 6、15 所示的是一根带有外花键的齿轮轴，它既起到齿轮的作用，同时又具备轴

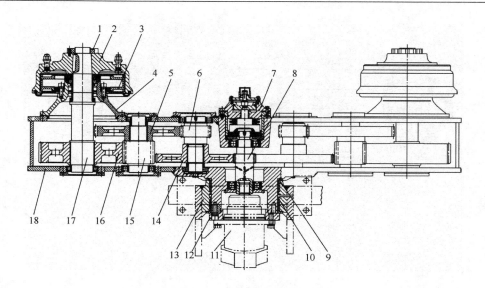

图 2-20 减速平衡箱总成

1—锁紧螺母；2—制动鼓；3—制动器；4—连接盘；5—二级从动齿轮；6—二级主动齿轮轴；7—停车制动器；
8——一级主动齿轮轴；9—铜垫；10—耐磨套；11—液压马达；12—法兰盘；13—后桥架；14——一级从动齿轮；
15—三级主动齿轮轴；16—三级从动齿轮；17—车轮轴；18—平衡箱体

的作用，齿轮 5 通过花键与齿轮轴 15 联接；第三级传动的大齿轮 16 也是通过花键与车轮轴联接的。

车轮轴的输出端与制动轮鼓间是锥孔配合，同时有一平键联接，锁紧螺母将车轮轴和制动轮鼓间的锥面配合轴向压紧，产生一定的过盈量，驱动平地机行驶的输出扭矩主要是通过这一锥面过盈配合来传递的，同时，平键也传递了部分扭矩。

每个平衡箱均装配有两个连接盘，它除了起到支撑车轮轴的作用外，连接盘上还装配有制动器。

3. 转向系统

（1）概述

目前国内外平地机普遍采用前轮转向和铰接转向。铰接式平地机的转向可通过前轮转向和铰接转向来完成，两种方式可分别单独使用，也可同时使用。平地机正常行驶时，一般只使用前轮转向即可，但是，当平地机需在比较狭窄的场地转向时，则需同时使用前轮转向和铰接转向，此时，最小转弯半径可达 7～8m。

（2）前轮转向系统

1）前轮转向结构及工作原理（如图 2-21 所示）

前桥通过销轴和前机架相连接，它的两端安装车轮，其功用是传递机架与车轮之间各方向的作用力及其力矩。前桥是利用其中的转向节使车轮偏转一定角度以实现平地机的转向。它除承受垂直载荷外，还承受纵向力和侧向力及这些力形成的力矩。

前桥主要由桥架、转向节、车轮倾角关节、转向横拉杆组成。前桥的功用是将转向液压系统输出的力和运动传到前桥两侧的转向节，使两侧转向轮偏转，并使两转向轮偏转角按一定关系变化，以保证平地机转向时车轮与地面的相对滑动尽可能小。

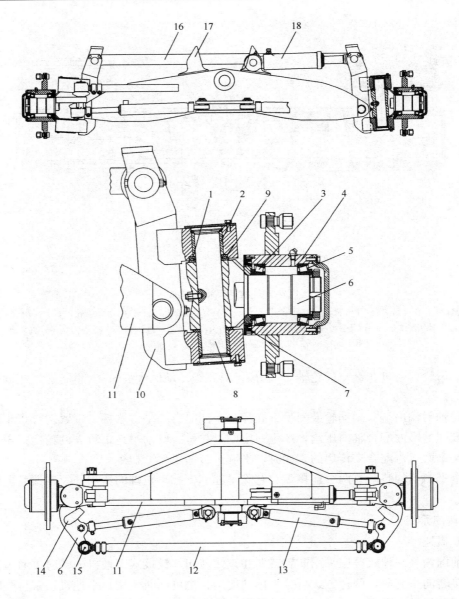

图 2-21　前桥

1—滚子推力轴承；2—铜套；3、5—轮毂轴承；4—轮毂；6—转向节；7—油封；8—主销；9—调整垫片；10—车轮倾角关节；11—桥架；12—转向横拉杆；13—转向液压缸；14—转向角限位块；15—球铰座；16—倾斜拉杆；17—前轮倾斜限位块；18—倾斜液压缸

　　作为主体零件的桥架为钢板焊接结构，车轮倾角关节通过销轴连接在桥架上，主销插入车轮倾角关节的孔内。用螺钉和螺母将主销固定在孔内，使之不能转动。有销孔的转向节通过主销和桥架相连，使前轮可以绕主销偏转一定角度而使平地机转向。为了减小磨损，转向节销孔内压入铜套，用装在倾角关节上的润滑脂嘴注入润滑脂润滑。为使转向灵活轻便起见，在转向节和倾角关节之间装有滚子推力轴承。在倾角关节下耳上端面与转向节下端面之间装有调整垫片，以调整其间的间隙。

转向节通过球铰座 15 和转向横拉杆相连。转向节上的转向角限位块 14 用来限制车轮最大转角。

车轮轮毂通过两个轮毂轴承和支承在转向节外端的轴颈上。轴承的游隙可以调整螺母（装于轴承外端）加以调整。轮毂外端用铸造的金属盖盖住，轮毂内侧装有油封。

2）转向轮定位参数

转向轮的定位参数为：主销后倾角、主销内倾角、前轮外倾角和前轮前束。

① 主销后倾角。主销在平地机的纵向平面内有向后的一个倾角 γ，即主销轴线和地面垂直线在平地机纵向平面内的夹角，如图 2-22 所示。

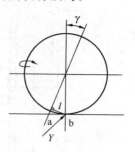

图 2-22　主销后倾角

主销后倾角 γ 能形成回正的稳定力矩，当主销具有后倾角 γ 时，主销轴线与路面焦点 a 将位于车轮与路面接触点的前面，ab 之间距离称主销后倾拖距。当平地机直线行驶时，若转向轮偶然受到外力作用而稍有偏转，将使平地机行驶方向向一侧偏离。这时由于平地机本身离心力的作用，在车轮与路面接触点 b 处，路面对车轮作用着一个侧向反作用力 Y。反力 Y 对车轮形成绕主销轴线作用的力矩 YL，其方向正好与车轮偏转方向相反。在此力矩作用下，将使车轮回复到原来中间的位置，从而保持了平地机的直线行驶。故此力矩称为稳定力矩。但此力矩也不宜过大，否则在转向时为了克服此稳定力矩，驾驶员必须在转向盘上施加较大的力（即所谓转向沉重）。因稳定力矩的大小取决于力臂 L 的数值，而力臂 L 又取决于后倾角 γ 的大小。现在一般采用的 γ 角不超过 $2°\sim3°$。平地机前桥的主销后倾角为 $2°30'$。

② 主销内倾角。主销内倾角也有使车轮自动回正的作用。当转向轮在外力作用下由中间位置偏转一个角度时，车轮的最低点将陷入路面以下，但实际上车轮下边缘不可能陷入路面以下，而是将转向轮连同整个平地机前部向上抬起一个相应的高度，这样平地机本身的重力有使转向轮回复到原来中间位置的效应。

此外，主销的内倾还使得主销轴线与路面交点到车轮中心平面与地面交线的距离 c（转向主销偏置量，如图 2-23 所示）减小。从而可减少转向时驾驶员加在转向盘上的力，使转向操纵轻便，同时也可减少从转向轮传到转向盘上的冲击力。但 c 值也不宜过小，即内倾角不宜过大，否则在转向时，车轮绕主销偏转的过程中，轮胎与路面间将产生较大的滑动，因而增加了轮胎与路面间的摩擦阻力。这不仅使转向变得很沉重，而且加速了轮胎的磨损。故一般内倾角 β 不大于 $8°$，距离 c 一般为 $40\sim60mm$。平地机前桥的主销内倾角为 $3°30'$。

③ 前轮前束。车轮有了外倾角后，在滚动时，就类似于滚锥，从而导致两侧车轮向外滚开。由于转向横拉杆和桥架的约束使车轮不可能向外滚开，车轮将在地面上出现边滚边滑的现象，从而增加了轮胎的磨损。为了消除车轮外倾带来的这种不良后果，在安装车轮时，使平地机两前轮的中心面不平行，两轮前边缘距离 B 小于后边缘距离 A，$A-B$ 之差称为前轮前束值，见图 2-24。这样可使车轮在每一瞬时滚动方向接近于向着正前方，从而在很大程度上减轻和消除了由于车轮外倾而产生的不良后果。

前轮前束可通过改变横拉杆的长度来调整。平地机前束为 10mm。测量位置处为图示的位置外，还通常取两轮胎中心平面处的前后差值，也可以选取两车轮钢圈内侧面处前后差值。

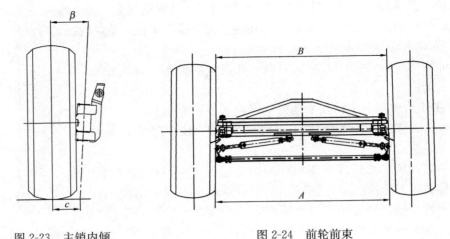

图 2-23　主销内倾　　　　　　　　　图 2-24　前轮前束

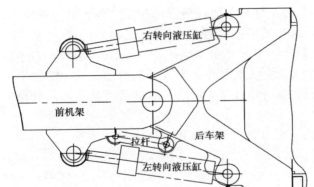

图 2-25　铰接转向

（3）铰接转向系统

平地机铰接转向是指前机架可绕联接前后机架的铰接圆柱销左右摆动一定的角度，实现平地机狭小场地的转弯。

在机架两侧，各安装有一个铰接转向液压缸（如图 2-25 所示）。当操纵驾驶室内的铰接转向手柄时，接通多路阀上的相应液压油路，压力油推动转向液压缸动作，实现转向。

当左转向液压缸伸长（或收缩）、右转向液压缸收缩（或）伸长时，前机架向右（或左）偏转，实现右（或左）铰接转向。

如果当平地机在正常行驶过程中，突然铰接转向动作，将会产生危险。为保证人员和设备的安全，在前后机架联接处还设有安全锁定装置，即用一拉杆将前后机架相对位置锁定。在平地机正常行驶或运输时，应用拉杆将机架锁定，确保安全。

4. 制动系统

平地机制动系统一般由停车和行车两大制动系统组成。

（1）停车制动系统

平地机停车制动系统也称为手制动系统（即手刹），如图 2-26 所示，由操纵器和制动器组成。制动器装在分动箱输出端，通过操纵手柄，拉动变速器输出轴制动器来实现。

其特点是干式、手动操纵、摩擦衬垫制动，弹簧释放，结构简单，价格低廉。

随着高档平地机的出现，停车制动也采用了液压制动。制动器装在分动箱输出端，通过操纵制动按钮来实现液压控制。其工作原理如图 2-27 所示，液压泵经充液阀在短时间内给蓄能器充液，使蓄能器保持一定压力。当蓄能器压力达到额定值时，停车制动器弹簧收缩，摩擦片脱离，制动解除。当按下压力开关，换向阀组向下移动，停车制动器内压力油流出，制动器弹簧释放，实现制动。

其特点：多个摩擦片，油浴式；按键操纵，操纵简单；弹簧结合，液压释放；停车制动时，变速器自动置于空挡。

（2）行车制动系统

平地机目前有单、双两种回路行车制动液压系统。行车制动单回路液压系统，通过制动平地机的四个中、后轮来实现制动，该系统主要由齿轮泵、溢流阀、充液阀、蓄能器、制动阀、行车制动器组成。

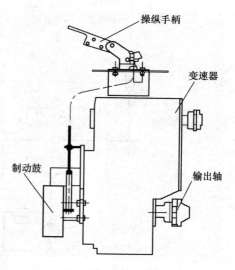

图 2-26　停车手制动

行车制动过程如图 2-28 所示，在发动机运转时，液压系统的齿轮泵从油箱吸油，齿轮泵输出的油经过充液阀，通向蓄能器，使蓄能器在压力低于 13.5MPa 时增压，而在压力高于 15MPa 时断油。蓄能器的充油优先进行，充油只需很短的时间，而后进油阀就使油流回油箱。所以发动机一运转，制动系统所需的压力油就可供使用，当制动阀的压力降到 10MPa 以下，由制动电源开关控制的仪表盘指示灯闪亮。踏下制动阀，蓄能器回路中的压力油就流向行车制动器使车轮制动。

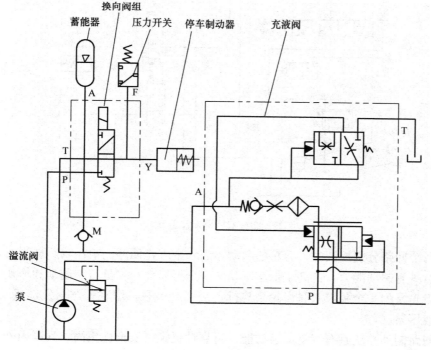

图 2-27　停车液压制动

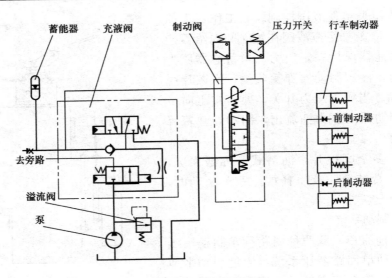

图 2-28　单回路制动系统

双回路行车制动液压系统，也同样通过制动平地机的四个中、后轮来实现制动。行车制动原理如图 2-29 所示，与单回路制动液压系统相差不多，但这个系统具有以下两个优点：

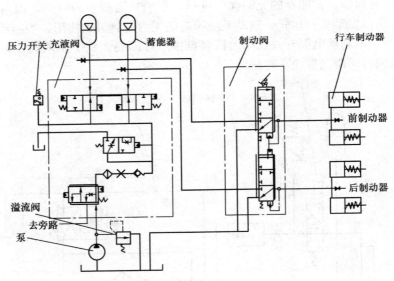

图 2-29　双回路制动系统

一是两个回路分别控制中、后轮的制动，当一个工作回路的液压管路破裂时，另外一个回路仍然具有制动能力，提高了行车制动的安全可靠性；二是行车制动和作业液压系统共用双联齿轮泵的一个泵，双联齿轮泵与行走液压泵串联，用联轴器与发动机飞轮连接，节省一个液压泵。

因双回路制动系统具有双重保险功能，可靠性更强，安全性更高，现国内外大部分平地机都采用此套系统。

5. 工作装置

平地机可配置以下工作装置：铲刀、前推土板、后松土器、松土耙和推雪铲等，这些工作装置一般布置在整机的前部、中部和后部。

（1）铲刀作业装置

铲刀作业装置包括铲刀（如图 2-30 所示）、牵引架（如图 2-31 所示）、涡轮箱及回转圈（如图 2-32 所示）、铲刀支撑（如图 2-33 所示）、摆架（如图 2-34 所示）及各种液压缸等部件。

平地机铲刀可实现平整、挖沟、刮边坡的功能。为达到这些功能，作业时操作者应根据作业要求调整铲刀的铲土角（切削角）、水平偏角、侧翻角及铲刀的侧伸（摆）等参数。

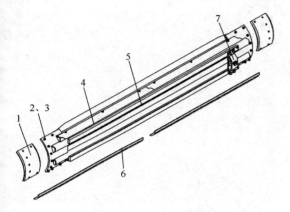

图 2-30 铲刀

1—侧刀片；2—螺母；3—螺栓；4—铲刀体；
5—导杆；6—主刀片；7—液压缸安装座

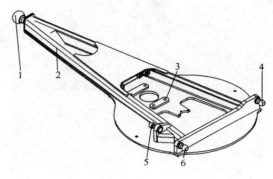

图 2-31 牵引架

1—大球头销；2—主梁；3—涡轮箱
安装座；4、5、6—小球头销；

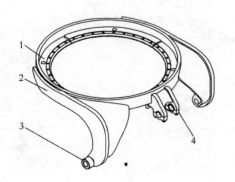

图 2-32 蜗轮箱回转圈

1—支承圈；2—耳板；
3—轴套；4—液压缸安装座

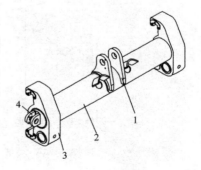

图 2-33 铲刀支撑

1—液压缸安装座；2—连接钢管；
3—支撑板；4—液压缸安装座

（2）推土板

推土板（如图 2-35 所示）作为平地机的选装作业装置，具有推移少量砂土、辅助铲刀体平整作业、摊平清理物料等功能，一般安装在平地机机架头部位置。

（3）松土器

为提高平地机对较坚硬路面的施工能力，在平地机尾部可配置后松土器（如图2-36所示），先使用后松土器将地面刨松，再用铲刀进行刮削或推土板推运。

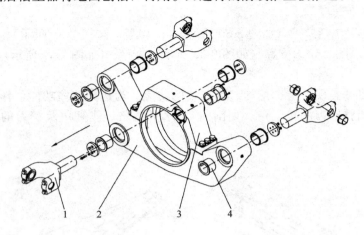

图 2-34　摆架
1—叉子总成；2—摆架下臂；3—摆架上盖；4—衬套

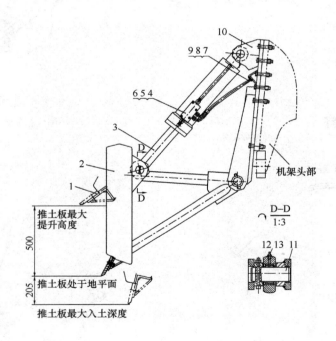

图 2-35　推土板
1—刀片；2—推土板体；3—推土板工作液压缸；4—板式双向平衡阀；5—管接头；6—螺塞；7—托板；
8—胶管套；9—接头；10—支座；11—销轴；12—销轴套；13—油杯

（4）松土耙

对于普通平地机，松土耙作为选装配件使用。松土耙组件通过一根轴固定在回转圈下部的支架上，在铲刀后部位置。在不使用时，松土耙的耙齿可被抬起并锁定。需要使用松

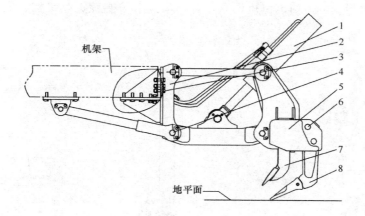

图 2-36 松土器结构示意图

1—液压缸；2—安装座；3—螺栓；4—销轴；5—松土齿架；

6—销轴；7—小齿；8—大齿

土耙时，将松土耙放下并固定。松土耙一般有 6 个或 8 个齿，可根据需要使用齿的个数和位置，将耙齿置于工作状态，如图 2-37 所示。

（5）推雪铲

对于平地机来说，由于功能的特殊性，推雪铲在温、热带气候地区基本不使用，在寒冷气候地区，平地机成为公路冬季除雪中不可或缺的重要工具之一。

推雪铲一般安装在平地机的前部，可在提升液压缸的作用下升降，同时，铲刀体还可在水平方向左右摆动，在进行推雪作业时，使铲刀体与平地机前进方向呈一定的夹角，当平地机行驶时，雪被铲刀体推动的同时，被移向路的一侧。

图 2-37 松土耙示意图

为了保证铲刀将地面的积雪推净的同时不对路面造成损害，推雪铲体下部一般装有滑靴，支撑铲体在地面上滑动。一般情况下，滑靴在雪地上滑行，但当滑靴突然碰到地面的凸起（如石头）时，滑靴可自动退让，并在弹簧的作用下自动复位。

在作业前在平地机前部更换上除雪铲，根据当地路面、积雪状况调整铲印即可上路作业。平地机能在除雪工作中得心应手，而且平地机的费用相对专用除雪设备来说是较低的，设备利用率高。因此平地机在（高速）公路冬季除雪作业中占有重要地位。

6. 操作系统

（1）作业操纵装置

作业操纵装置是对作业时的姿态进行操纵和控制的系统，它由手柄、连杆、杠杆摇臂机构等组成（如图 2-38 所示）。其原理是将手柄的前后操作通过连杆、杠杆摇臂机构实现液压系统的多路阀杆上下动作，达到控制铲刀的升降、偏摆、左右旋转、引伸，铲角的大小调整，以及前轮的倾斜、铰接转向、推土板和松土器的升降等功能。

（2）操纵台

平地机操纵台是一个可调整位置和角度的可调式操纵台。由底座、前后摇臂、操纵头组成的四杆机构与一个多挡定位机构和一个滑槽式二位螺旋锁紧机构组成（如图2-39所示）。

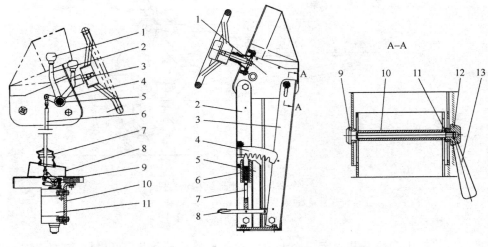

图 2-38　作业操纵装置

1—手柄球；2—手柄一；3—手柄二；4—复
合轴承；5—定轴；6—连杆；7—护套；
8—护罩；9—杠杆摇臂机构；10—阀块安
装板；11—多路阀

图 2-39　操纵台

1—操纵头；2—前摇臂；3—后摇臂；4—齿板；5—支架；
6—弹簧；7—插销杆；8—踏板；9—螺杆；10—支撑套；
11—垫圈；12—紧盘；13—手柄

7. 机架

机架是平地机的主要支撑和受力部件，它是所有部件联接安装的基础，同时也是整机主要的受力构件（如图2-40所示）。

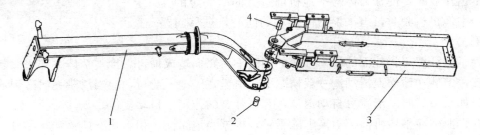

图 2-40　机架结构示意图

1—前机架；2—圆柱销；3—后机架；4—圆柱销

三、液压系统

以全液压平地机为例，全液压平地机的液压系统可分为闭式液压系统和开式液压系统，开式与闭式系统的区别在于液压油的循环油路不同，开式系统液压油循环路线是：液压油箱—行驶泵—换向控制阀组—行驶马达—油箱，闭式系统液压油循环路线是：行驶泵—行驶马达—调力阀组—行驶泵，图2-41所示是一个闭式液压系统平地机原理图，这里主要讲述闭式液压系统，开式液压系统因还不成熟，这里不做讲述。

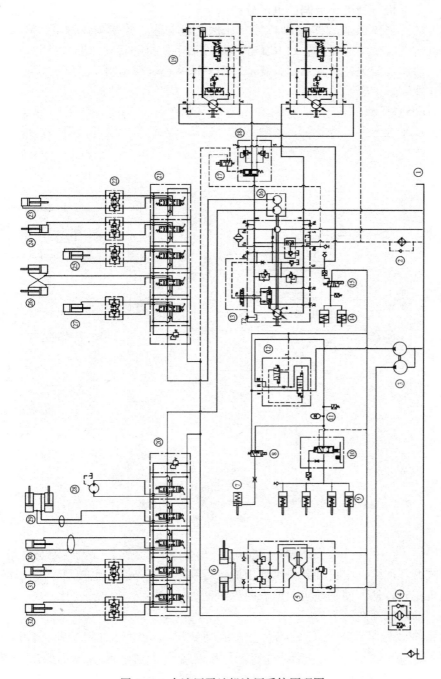

图 2-41 全液压平地机液压系统原理图

①—油箱；②—散热器；③—转向制动泵；④—回油过滤器；⑤—转向器；⑥—转向液压缸；⑦—锁销液压缸；⑧—电磁换向阀；⑨—制动器；⑩—制动阀；⑪—蓄能器；⑫—充液阀；⑬—行驶泵；⑭—停车制动器；⑮—电磁换向阀；⑯—作业泵；⑰—电磁换向阀；⑱—分流阀；⑲—行驶马达；⑳—左多路阀；㉑—右多路阀；㉒—平衡阀；㉓—右提升液压缸；㉔—推土板液压缸；㉕—前轮倾斜液压缸；㉖—铰接转向液压缸；㉗—铲刀摆动液压缸；㉘—回转马达；㉙—铲角变换液压缸；㉚—铲刀引出液压缸；㉛—松土器液压缸；㉜—左提升液压缸

全液压平地机行驶可无级调速也可分挡调速，有着冲击小，噪音低，负载能力强等优点。其速度的控制原理是：通过PLC控制比例变量马达，改变马达排量，同时，通过马达上的速度传感器反馈速度信号到PLC，从而控制平地机的行驶速度。

从装配布局可分为：行驶液压系统，转向液压系统，行车制动液压系统，液压动力控制系统和作业装置液压系统。

（1）行驶液压系统

行驶液压系统主要由行驶泵、行驶马达、分流阀组、其他辅件及管路组成，如图2-42所示。

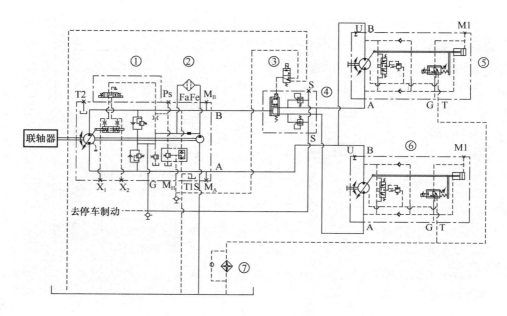

图 2-42　行驶液压系统
①—行驶泵；②—过滤器；③—电磁换向阀；④—分流阀；⑤—左行驶马达；
⑥—右行驶马达；⑦—散热器

工作原理：全液压平地机行驶系统是由行驶泵、行驶马达、分流阀组及管路组成的一个液压闭式循环回路，由行驶泵提供液压油到行驶马达，马达产生转动力矩，通过齿轮传动到平地机车轮，从而使平地机向前或向后运动。

（2）制动液压系统

制动系统液压管路图见图2-43，行车制动液压系统主要由制动阀、分流阀块、制动器及管路组成；停车制动液压系统主要由单向阀、电磁换向阀、低压报警开关组成。

当踩刹车时，工作油通过制动阀流出，通过分流阀块及管路到达制动器，再通过制动器实现平地机制动。

（3）转向液压系统

转向液压系统主要由转向器、转向液压缸、管路及回油过滤器等组成，如图2-44所示。

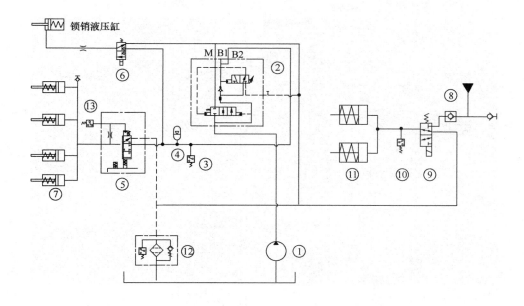

图 2-43 制动系统液压管路图

①—制动泵；②—充液阀；③—低压报警开关；④—蓄能器；⑤—制动阀；⑥—电磁换向阀；⑦—制动器；
⑧—单向阀；⑨—电磁换向阀；⑩—报警开关；⑪—停车制动器；⑫—回油过滤器；⑬—制动灯开关

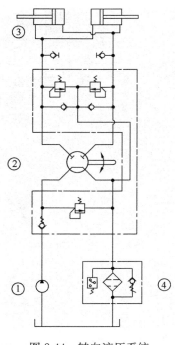

图 2-44 转向液压系统

①—转向泵；②—转向器；
③—转向液压缸；④—回油过滤器

转向液压系统其工作原理是：泵提供的转向液压油，通过转向器转动，定量地传递到转向液压缸，转向液压缸使平地机前轮产生一个偏转角度，从而完成平地机转向功能。

（4）作业装置液压系统

作业装置液压系统主要由左右提升液压缸、铲刀摆动液压缸、铲角变换液压缸、铰接转向液压缸、前轮倾斜液压缸、推土板液压缸、松土器液压缸、平衡阀及管路组成，如图 2-45 所示。

作业系统的作用是通过液压缸控制平地机的作业装置，如铲刀、推土板、松土器等，完成平地机作业功能。

四、电气控制系统

电气系统包括显示操作面板、系统电源、集中控制盒总成、发动机启动、行走控制、照明报警、空调、辅助电路等，其原理图如图 2-46 所示。

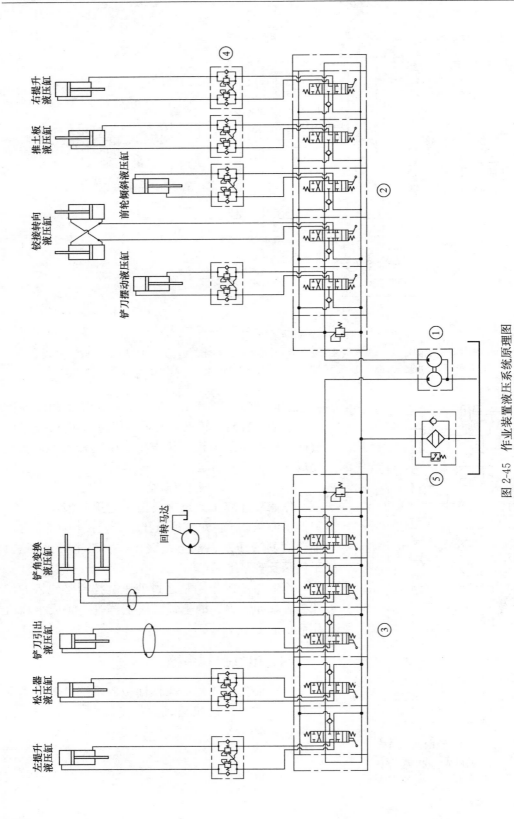

右提升
液压缸

推土板
液压缸

铰接转向
液压缸

前轮倾斜液压缸

铲刀摆动液压缸

回转马达

铲角变换
液压缸

铲刀引出
液压缸

松土器
液压缸

左提升
液压缸

图 2-45　作业装置液压系统原理图

①—作业泵；②—右多路阀；③—左多路阀；④—平衡阀；⑤—回油过滤器

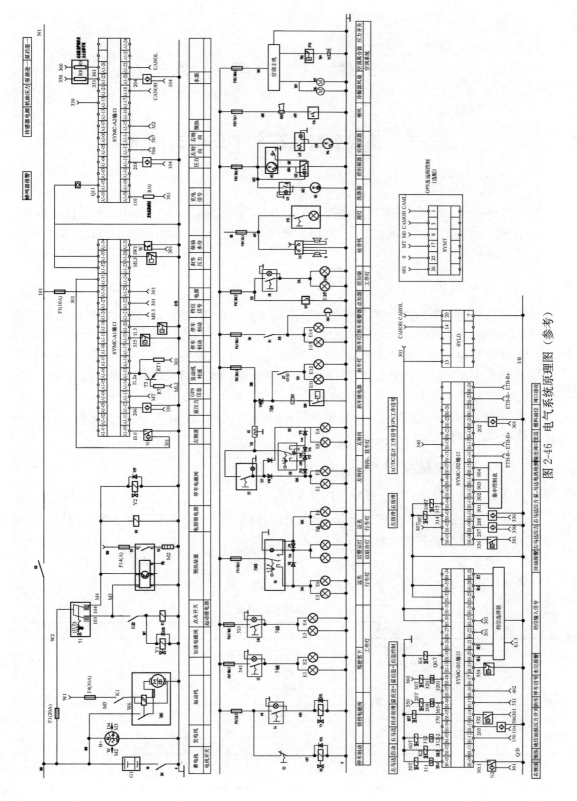

图 2-46 电气系统原理图（参考）

第三章 工 法 与 标 准

第一节 高速公路土石方施工工法（范例）

一、应用范围

本工法适用于主线整体式路基宽 26m，行车道宽度：$4 \times 3.75m$，计算行车速度：100km/h，荷载标准：公路-I 级，设计洪水频率：路基 1/100 的双向四车道高速公路的土石方施工作业。

二、基础准备

1. 修建临时便道，确保在主线红线内拉通便道可使物资进入，满足材料运输及行车的要求，在便道进出口设置安全标志牌。

2. 施工用电用水：施工用电采用 50kW 发电机组，共设变压器 2 台，以满足两个拌和场施工需求。各工区生产用水都可从附近河流中抽取，或用洒水车运至现场。

3. 施工前在取土地点取具有代表性的土样进行如下试验：

① 液限、塑限；② 颗粒大小分析试验；③ 含水量试验；④ 土的击实试验；⑤ 土的强度试验（CBR 值）。

三、人员、机械配置

1. 人员配置

根据工程需要，各工区设工区长 1 名，技术负责人 1 名，测量人员 1 名，现场施工人员 2 名，试验质检员 2 名，劳务人员 30 人。

2. 机械配置

每工区应投入的机械见表 3-1：

工区应投入机械表 　　　　　　　　　表 3-1

序号	设备名称	数量	单位	备注
1	推土机	≥1	台	
2	挖掘机	≥2	台	
3	装载机	≥2	台	
4	压路机	≥2	台	
5	平地机	≥1	台	
6	洒水车	≥1	台	
7	运输车	≥7	台	
8	空压机	≥4	台	
9	值班车	≥2	台	

四、施工方案及施工工艺

1. 施工准备工作

（1）熟悉施工图纸，复核设计施工图，领会设计意图；

（2）根据现场踏勘，结合工程特点，编制路基工程施工组织计划；

（3）根据设计图纸进行路基用地放样；

（4）对路基用地范围内的树木进行砍伐，并将移置路基用地之外进行妥善处理；将路基用地范围内的树根全部挖除，并将坑穴填平夯实；

（5）原地面应进行地表清理，并将清理出的种植土集中堆放；

（6）清理完地表后，将地面进行整平、压实至设计规范要求，才可进行路基施工。

2. 路基施工测量

在路基开工前，用全站仪进行现场恢复和固定路线。其内容包括导线、中线及高程的复测，水准点的复测与增设，横断面的测量与绘制等。对所有测量结果进行记录并整理后，送监理工程师批准。在施工测量完成前不得进行施工。

（1）导线复测

导线复测采用已检验、校正过的全站仪进行。复测导线过程中，原有导线点不能满足施工要求时，对导线点进行加密，保证在全路段施工过程中，相邻导线点间能相互通视。复测导线时，检验本路段导线与相邻施工段的导线闭合情况，不符合精度要求时，上报监理工程师。

（2）中线复测

路基开工前，采用坐标法对施工段的路基中线进行全面恢复，并固定路线主要控制桩。恢复中线时，检查结构物中心、相邻施工段的中线闭合差，不满足精度要求时，上报监理工程师。

（3）校对及增设水准点

在应用设计单位提供的水准点前，通过复测校对水准点，并与国家水准点闭合，超出允许范围时，上报监理工程师及有关部门。在工程量集中、高填、地形复杂地段、结构物附近增设临时水准点，水准点须符合精度要求，与相邻路段水准点闭合。增设的水准点设在便于观测的坚硬基岩上或永久性建筑物的牢固处。

（4）路基施工测量

路基施工之前，根据恢复的路线中桩、设计图表，用全站仪放出路基用地界桩、挖方坡顶、路堤坡脚、边沟、护坡、截水沟、借土场、弃土场等的具体位置，标明其轮廓，上交监理工程师检查批准。施工测量的精度应符合《公路勘测规范》的要求，施工放样应符合《公路路基施工技术规范》的规定。

3. 路基土石方施工

路基挖土方：开挖采用挖掘机直接装车，辅以推土机集料、装载机装车；

路基挖石方：根据岩石的类别、风化程度和发育程度等因素确定开挖方式。对于软石和强风化岩石能采用机械直接开挖的采用机械开挖，不能采用机械直接开挖的采用光面爆破；

路基填土：采用分层填筑，推土机和平地机整平摊铺，洒水车洒水调整含水量，压路机碾压密实，按照"四区段、八流程"法施工。四区段：填铺区、整平区、碾压区和检测区；八流程：施工准备→施工放线→基底处理→填土→整平→碾压→检测→边坡整形；

路基填石：首先码砌坡脚，采用分层砌筑，自卸汽车卸料后，先用推土机粗平，并撒布一定的细骨料填塞，再用平地机精平，振动式压路机碾压。

（1）路基挖方

1）开挖土方

①主要施工机械：推土机、挖掘机、装载机、平地机、压路机、自卸汽车。

②工艺流程：路基测量放样→地表清理→土方挖运→边坡修理→路槽平整压实。

③施工方法

A. 恢复定线，放出边线桩；

B. 土方开挖采用机械施工，按设计要求自上而下进行：土方运距在100m左右，选用推土机挖运，运距在100m以上采用挖装机械配合自卸汽车施工；

C. 施工过程中，对较短的路堑采用横挖法，对较长路段采用纵挖法；

D. 当宽度、深度不大时，按横断面全宽一次开挖到设计标高。当路堑较深时，采用横向分台阶开挖；当路堑既长又深时，采用纵向分段分层开挖，每层先挖出一个通道，然后开挖两侧，使各层有独立的出土道路和临时排水设施；

E. 对于风化破碎岩体，为保证施工中边坡的稳定和边坡防护的施工，采用阶梯式进行开挖，并严格按图纸要求的高度设置平台，形成阶梯式的边坡；

F. 对设计中拟定的纵横向排水系统，要随着路基的开挖，适时组织施工，保证雨季不积水，并及时安排边沟、边坡的修整和防护，确保边坡稳定；

G. 路槽达到设计标高后，用平地机整平，刮出路槽，最后用压路机压实，检查压实度。

2）开挖石方

①主要机械：空压机、推土机、装载机、平地机、压路机、自卸汽车、爆破仪表和设备；②工艺流程：路基测量放样→施爆区管线调查→炮位设计及设计审批→配备专业施爆人员→用机械或人工清除施爆区覆盖层和强风化岩石→钻孔→爆破器材检查与试验→炮孔（或坑道、药室）检查与废渣清除→装药并安装引爆器材→布置安全岗和施爆区安全员→炮孔堵塞→撤离施爆区和飞石、强地震波影响区的人、畜→起爆→清除瞎炮→解除警戒→测定爆炮效果（包括飞石、地震波对施爆区内外构造物造成的损伤及造成的损失）→清运；③施工方法：石方爆破作业在施工前28天向监理工程师提交施工方案、施工方法及施工组织设计的详细报告，经监理工程师批准。石方开挖采用小型及松动爆破为主，在石方开挖接近边坡时，在设计边坡外预留光爆层，采用光面爆破来保证边坡平顺，在特殊地段采用预裂爆破，尽量避免扰动和损坏边坡岩体。石方路堑的路基顶面标高应符合图纸要求，超挖部分应按监理工程师批准的材料回填并碾压密实稳固。

A. 施工要点

对于挖深在6m以下的地段用深孔爆破；对于挖深在6～10m之间的地段，采用小药室松动爆破，一次松动到设计标高，从一端分批爆破，一头清渣，边清渣边从上而下光面爆破刷坡。

对于挖深大于10m的地段采用分层开挖，上层用小洞室松动控制爆破，下层用空压机打孔，小台阶深孔爆破落地。选用松动控制爆破的装药量，使岩石松动隆起，并有很好的破碎块度，便于装运和填筑。采用塑料导爆管非电起爆系统组成微差起爆网路，该起爆系统是目前国际、国内最先进的起爆方法，受外部环境影响小，操作简便、施工安全。

B. 钻爆施工

a. 施工前严格做好测量放样工作，保证边坡孔位置正确，根据炮孔编号标明钻孔开口位置。整个断面布置 5 个炮孔，中间布置 1 个，四角各布置 1 个，孔深为 1.0～1.2m，中间孔先响、四角孔后响，药室为长方体，体积按 $V = KvQ/\Delta$ 计算，Kv 为药室扩大系数，取 1.2～1.4。钻孔过程中要使所有的钻孔均在设计的坡面上，前后左右都要满足要求。

b. 每次导洞开挖或钻孔前，要进行标高测量，根据实际开挖深度布置炮孔，在图上标明每孔的深度，并由技术人员在现场定位。严格控制好钻孔精度。钻孔结束，要对炮孔进行检查，封好孔口，做好记录。

c. 导洞和炮孔在装药前要进行严格的检查和验收，发现与实际不符时，应及时纠正。有水要及时排出或改用防水炸药。

d. 施工进度：导洞掘进按三连班作业制进行，平均每 8 小时一个循环，洞室控制爆破每 3 天起爆一次，深孔爆破每 3 天起爆一次。

e. 导洞开挖和装药过程中，要严格按照国家《爆破安全规程》中有关规定进行操作。装药前将孔内残渣清理干净，有水的炮孔要把水排干，排不干的要做防水措施。防水措施主要采取防水套包装密封。药包药串按设计要求进行加工并做好与炮孔相符合的编号。为保护孔壁，光面爆破采用竹片，装药时使药串位于炮孔中心，竹片紧贴孔壁，为保证药卷在炮孔中心装药要仔细。装药结束后对炮孔进行堵塞。堵塞时先用纸团在堵塞段下部塞紧，然后在上部用黄黏土堵实。堵塞作业中只许用木质炮棍，同时必须保护好孔内引出的爆破引线。

f. 在堵塞过程中，必须注意保护好网路。洞室爆破时，导爆管要用硬塑料套管进行防护。

g. 施工作业中的药量调整。装药过程中必须严格按设计药量进行，在钻孔过程中如发现沿炮孔不同深度岩石结构有明显变化时，为取得满意的爆破效果，对设计药量根据相应的岩石地段进行药量增减。药量调整后，必须记录在装药记录上。

h. 爆破施工后，及时清理移运被爆破后的堆体和边坡上的松石、危石等。凸出及凹进尺寸大于 100mm 时，用人工清凿或浆砌片石补砌凹陷的坑槽，以维持岩体的稳定。

（2）路基填方

施工准备

按照设计文件要求，在开工前组织测量队对全合同段进行恢复定线测量，补齐必要的坐标桩、中桩、水准点等。根据设计图纸放出路堤边线，重新测绘出横断面图，复核土石方数量。

1）填土路堤

①主要施工机械：推土机、挖掘机、装载机、平地机、压路机、洒水车、自卸汽车、小型夯实机等。

②工艺流程：路堤测量放样→清理地表→填前压实→测量标高→路堤上土→平整压实

→边坡修整→填上层料。

③施工方法

A. 采用水平分层的方法填筑路堤,根据填料类别、最大料径、压实分区和压实设备功率经试验确定压实厚度,一般情况下,填筑厚度不大于 20~30cm。

B. 土方的挖、装、运均采用机械化施工,一般用挖装机械配合自卸汽车运土,按铺筑厚度严格控制卸土,推土机把土摊开,平地机整平。

C. 当路基填土含水量大于最佳含水量时可在路外晾晒也可在路基上用铧犁翻拌晾晒;当含水量不足时,可用洒水来补充,使填土达到最佳含水量的要求,确保达到压实度标准。

D. 路基压实时,严格控制填土含水量并采用重型压路机从路边向路中,从低侧向高侧顺序碾压,压实遵照先轻后重的原则,直到达到设计的压实度为止。

E. 为充分保证路堤边缘的压实,路堤两侧设计各宽填不小于 300mm,要求与路堤填土同步施工。

F. 根据路堤的填筑高度,严格按规范要求检查压实度,每层填土都要资料齐全,并经监理工程师签认。

G. 达到设计标高时要抓紧按设计要求整理路床,修整边坡,进行防护,确保路堤填筑质量和稳定性。

2) 填石路堤

①主要施工机械:推土机、装载机、压路机、自卸汽车、夯实机等。

②工艺流程:测量放样→清表压实→码砌坡脚→填筑石料→压(夯)实填料。

③施工方法

A. 清理现场并平整压实报监理工程师认可,实测填前标高后,进行填石路基施工,分层厚度通过试验路段确定,且每层虚铺厚度不得大于 50cm,对过大粒径的颗粒采用人工破解,严格控制细粒碎石或石屑含量占大粒径的 20% 以上。路堤填料粒径应不大于 50cm,并不宜超过层厚的 2/3。

B. 逐层填筑,安排好石料运输路线,专人指挥,按水平分层,先低后高、先两侧后中央卸料,并用大型推土机摊平。个别不平处配合人工用细石块、石屑找平。

C. 采用自重不小于 18t 的振动压路机分层洒水压实。压实时继续用小石块或石屑填缝,直到压实层顶面稳定、不再下沉(无轮迹)、石块紧密、空隙饱满、表面平整为止。

D. 填石路堤碾压时,先压两侧,后压中间,直到碾压前后无明显轮迹,碾压后的表面无明显的孔隙空间,大粒径填石无松动现象,通过前后两次的碾压,高程无明显变化,经监理工程师签认后进入下一道工序的施工。

E. 填石路堤压实质量标准要符合《公路路基施工技术规范》JTG F10—2006 表 4.2.3-1 的规定。施工时,填石路堤施工过程中的每一压实层,由试验路确定的工艺流程和工艺参数,控制压实过程;用试验路段确定的沉降差指标检测压实质量,并报监理工程师批准。

F. 中、硬岩石路基边坡坡面采用粒径大于 25cm 外形尺寸规则的石块进行台阶式错缝码砌,并用小石块将空隙嵌紧无明显空洞、松动现象。码砌厚度要符合设计要求。

G. 填石路基路床顶面以下 50cm 范围内的路床用未筛分碎石分层填筑压实,分层厚度小于30cm，其下填筑开山石渣，并适量填入填缝料，以保证能充分填充石块空隙；石渣最大粒径小于25cm，保证填石路基的压实度达到96%。

3）土石混填路堤

土石混填路堤的施工工艺流程同土方填筑。

①利用石料含量占总质量30%～70%的土石混合材料填筑的路堤称为土石混填路堤。土石混填路基时，中硬、硬质石料的最大粒径不得超过压实厚度的2/3；石料为强风化石料或软质石料时，其CBR值应符合规范要求，且石料最大粒径不得大于压实层厚。

②土石混填路堤要进行分层填筑，分层厚度宜为30～40cm（经试验后确定）。填料由土石混合材料变为其他填料时，土石混合材料最后一层的压实厚度应小于30cm，该层填料的最大粒径应小于15cm，压实后，表面应无孔洞。

③中硬、硬质石料的土石混填路基，应进行边坡码砌。

④土石混填路堤的压实要求同填石路堤。

4）特殊路基处理

特殊路基的处理有：填挖交界、高填方路堤、清淤换填和滑坡地区的处理。

①填挖交界处

根据填挖交界位置又细分为纵向填挖交界与横向半填半挖。防止不均匀沉降、排除地下水是填挖交界处治的目标。

A. 纵向填挖交界处治：为减少填挖段落之间不均匀沉降，视填高不同铺设多层土工格栅；在纵向填挖交界处设置横向渗沟，以阻断地下水排泄途径。

B. 横向半填半挖处治：为减少填挖之间不均匀沉降同时保证填方稳定性，视填高不同铺设多层土工格栅，并在坡脚设置脚墙；在横向半填半挖处设置纵向渗沟，并设置一定间隔的横向排水管，以排除地下水；对挖方侧路床80cm范围内进行超挖回填碾压，填方侧视填高进行冲击碾压或强夯等进行增强补压。

②高填方路堤

例如，某合同段有两段高填方路堤，总长164m，平均填高10m，分别在K83+940～K83+980、K86+570～K86+694处。

A. 高填方路堤填料优先采用强度高、水稳性好的材料，或采用轻质材料。如果材料来源不同，其性能相差较大时，采用分层水平填筑，不应分段或纵向分幅填筑。

B. 基底承载力应满足设计图纸要求。特殊地段或承载力不足的地基应按设计图纸要求进行处理；覆盖层较浅的岩石地基，宜清除覆盖层。

C. 施工中应按图纸要求预留路堤高度与宽度，并进行动态监控。

D. 优先安排高填方路堤施工，施工中按图纸要求预留路堤高度与宽度，并进行动态监控。

E. 半挖半填的一侧高填方路基为斜坡时，应按图纸规定挖好横向台阶，并应在填方路堤完成后，对设计边坡外的松散弃土进行清理。

F. 高填方路堤必须进行沉降和位移观测，观测方法应经监理工程师批准，观测资料应提供监理工程师审查，以便作出路面铺筑的有关决定。

③清淤换填

例如，某项目以下列指标进行控制，作为地基表层清淤工程的界定：

A. 黏质土、有机质土天然含水量≥35％或液限（处于极软塑或流塑状态）。

B. 粉质土天然含水量≥30％或液限（处于极软塑或流塑状态）。

清淤深度及范围采用麻花钻的方法，勘探点密度不少于 1 点/200m²，且在清淤范围内均匀分布在各端面上。

施工方法为：将换填部位中的水排干，然后用机械或人工将路基边沟范围内一定深度的淤泥挖除，经地基承载力检测合格后换填水稳性较好的土方或石方，分层铺筑：松厚不得超过 200mm，并逐层压实，使之达到规定的压实度。压实的方法，底层采用平振或夯实，其余层可采用振动法和碾压法，采用碾压法时应控制土的含水量。

摊铺整平：为了保证路堤压实均匀和填层厚度符合规定，填料采用推土机初平，平地机进行二次平整，使填料摊铺表面平整度符合要求。

洒水或晾晒：填料的含水量直接影响压实密度。在相同的碾压条件下，当达到最佳含水量时密实度最大，填料含水量波动范围控制在最佳含水量的－2％～＋2％范围内，超出最佳含水量 2％时应晾晒，含水量低于最佳含水量应洒水。洒水采用洒水车喷洒，晾晒采取自然晾晒。

机械碾压：碾压按照"先静压，后振动碾压"、"先轻，后重"、"先慢，后快"、"先两侧，后中间"的原则。

施工防排水：清淤换填施工时，在两侧地面上挖临时排水沟，避免雨水流到换填开挖出的基坑内。

④滑坡地段

A. 滑坡整治宜在旱季施工。需要在冬季施工时，应了解当地气候、水文情况，严格按照冬季施工的有关规定实施。

B. 路基施工应注意对滑坡区内其他工程和设施的保护。在滑坡区内有河流时，应尽量避免因滑坡工程的施工使河流改道或压缩河道。

C. 滑坡整治，应及时采取技术措施封闭滑坡体上的裂隙，应在滑坡边缘一定距离外的稳定地层上，按设计要求并结合实际情况修筑一条或数条环形截水沟，截水沟应有防渗措施。

D. 施工时应采取措施截断流向滑坡体的地表水、地下水及临时用水。

E. 滑坡体未处理之前，严禁在滑坡体上增加荷载，严禁在滑坡前缘减载。

F. 滑坡整治完成后，应及时恢复植被。

G. 采用削坡减载方案整治滑坡时，减载应自上而下进行，严禁超挖或乱挖，严禁爆破减载。

H. 采用加填压脚方案整治滑坡时，只能在抗滑段加重反压，并且做好地下排水时实施；不得因为加填压脚土而堵塞原有地下水出口。

I. 降雨前后及降雨过程中，应加强对施工现场的检查巡视。

五、质量控制

1. 进货检验

材料进场后由物资部门进行外观包装检验，并进行数量检验索取产品合格证，产品质量检验证明，产品出库单。

质检工程师和试验员一起对产品进行取样抽验，检验合格后方可出库使用。把各种质检记录一起归档保存。

2. 原材料的标识

产品进场后要进行产品标识，材料部负责对原材料的标识。标识的方法采用分区域堆放，挂标识牌。工序质量控制应注意：

（1）施工中严格按照有关标准、规程、规范进行作业，运用先进的施工方案和施工技术、经验，提高工序质量。

（2）加强工程施工全过程的质量管理，尤其是被列入关键工序和特殊过程的工序要从材料采购、进场检验、施工过程检查、重点难点技术攻关、特殊工种持证上岗、所有工具及设备的能力检定、工序验收等各个环节予以全过程控制，保证工程质量。

（3）实行工序三检制，任何工序都要做到自检、互检、专检。

六、路基土石方各项检测指标

土方路基实测项目见表3-2。

土方路基实测项目　　　　　　表3-2

项次	检查项目			规定值或允许偏差	检查方法和频率
				高速公路	
1	压实度（%）	零填及挖方（m）	0～0.30	≥96	按JTG F80/1—2004附录B检查；密度法：每200m每压实层测4处
			0.30～0.80	≥96	
		填方（m）	上路床 0～0.30	≥96	
			下路床 0.30～0.80	≥96	
			上路堤 0.80～1.50	≥94	
			下路堤 ＞1.50	≥93	
2	弯沉（0.01mm）			满足设计要求	按JTG F80/1—2004附录I检查
3	纵断高程（mm）			+10，－15	水准仪：每200m测4断面
4	中线偏位（mm）			50	经纬仪：每200m测4点，弯道加HY、YH两点
5	宽度（mm）			不小于设计	米尺：每200m测4处
6	平整度（mm）			15	3m直尺：每200m测2处×10尺
7	横坡（%）			±0.3	水准仪：每200m测4个断面
8	边坡坡度			不陡于设计值	尺量：每200m测4处

石方路基实测项目见表3-3。

石方路基实测项目　　　　　　表3-3

项次	检查项目	规定值或允许偏差	检查方法和频率
		高速公路	
1	压实度	符合试验路段确定的施工工艺	查施工记录
		沉降差≤试验路确定的沉降差	水准仪：每40m测1个断面，每个断面测5～9点

续表

项次	检查项目		规定值或允许偏差	检查方法和频率
			高速公路	
2	纵断高程（mm）		+10，−20	水准仪：每200m测4个断面
3	弯沉		不大于设计值	
4	中线偏位（mm）		50	经纬仪：每200m测4点，弯道加HY、YH两点
5	宽度（mm）		不小于设计值	米尺：每200m测4处
6	平整度（mm）		20	3m直尺：每200m测4点×10尺
7	横坡（%）		±0.3	水准仪：每200m测4断面
8	边坡	坡度	不陡于设计值	每200m抽查4处
		平顺度	符合设计要求	

七、冬雨期和农忙季节的施工安排

1. 雨期施工组织

（1）雨期施工做好现场的排水，主要临时道路应将路基碾压坚实，确保雨季道路循环通畅，不淹不冲、不陷不滑。雨季修筑路堤，做到随挖、随铺、随压实，每层表面应有2%～3%的横坡，并应整平。保持排水沟的畅通大雨过后做好现场检查，减少雨后损失。

（2）雨季开挖土方时，在开挖面和工作地点均应随时保持一定的坡度，以利于排走雨水，便于雨后即复工。雨季进行土方工程施工时，边坡坡度应适当减缓，坡边设围堰，严防滑坡和边坡塌方。避免大面积开挖，采取分段突击施工，减少土基暴露时间。回填土应在晴天进行，每班要将所填土方碾压平整坚实，防止土层积水过多。

（3）在路基施工期间，缩短施工长度，各项工序紧密联接，集中力量分段铺筑，在雨前做到碾压密实。每一层碾压后，使路基作业面自然排水，并在路基作业面两侧边缘做临时挡水埂，埂每隔30m用塑料布沿路基边坡做一临时泄水槽，使雨水集中流入临时排水系统，以免冲刷边坡。雨后及时整修边坡。

（4）地质不良地段工程应避开雨期施工，填筑路基的路应取样试验，达到最佳含水量要求后方可铺筑分层碾压。

2. 冬期施工组织安排

（1）气温在0℃以下时，不得进行清淤处的回填施工。

（2）路堤施工时，当天施工的段面应充分压实，以防冻结，进行上层施工时，应检查下一层的土层情况，酌情进行补压。

（3）路堑开挖的土方，及时运走，填筑与压实，以防冻结。路堤边坡（矮边坡）不得一次性开挖到位，预留30～50cm，以防边坡土质冻胀，发生滑塌，边坡修整在解冻后施工。

（4）施工遇大雨时，不得继续进行施工，下一工序开工前，应清除积雪检查冰冻深度，处理合格后，方能施工。

3. 农忙季节施工

（1）为保证农忙季节施工队伍的稳定，应合理组织选择劳动力。优先选用长期合作的有建制的民工劳务队，以解决农忙季节人员减少的问题。

（2）合理安排避开劳动用工的农忙季节。

（3）优化施工方案，尽量提高机械化程度，减少劳动用工量。

八、安全防范措施

1. 安全防护

（1）凡开挖槽、坑、沟深度超过1.5m，必须按规定放坡或加可靠支撑并设置人员上下坡道或爬梯。开挖深度超过2m的，必须在边沿处设置两道低于1.2m高的护身栏，刷红白间隔油漆，并设专用人员马道。施工期间白天设警示牌，夜间设红色标志灯。

（2）槽、坑、沟边1m范围内不准堆土、堆料、停放机具，槽、坑、沟与建筑物、构筑物的距离不得小于1.5m。

（3）临近施工区域，凡有可能对人或物构成威胁的地方，必须支搭防护棚或制定可行性措施，以确保安全。

（4）做好交通运输的安全工作，施工场地设置交通标示灯、交通警示牌，并安排专职人员指挥，以便行人及车辆。

（5）人员驻地不能在有洪水、泥石流、滑坡地段，雨后必须进行检查落石、危石等情况。

2. 安全用电

（1）项目经理部应设一名电管人员（可由电气技术人员担任），施工现场必须配备专职电工，低压电工不得从事高压作业，学习电工不得独立操作，严禁非电工作业。

（2）项目经理部每旬组织一次安全用电检查，对可能存在重大隐患处应进行复查。电工应经常巡查现场，发现问题及时处理。

（3）现场所有的电气设备、电料、工具不合格的，不适用于临时用电工程的，电工有权拒绝使用，安全用电防护措施未落实时，各类用电人员有权拒绝用电施工。

（4）各类用电人员必须掌握安全用电的基本知识和所用机械、电气设备的性能，使用电气设备前，应按规定穿戴和配备好合格的劳务防护用品，电气设备停止工作时必须拉闸断电，锁好配电器。

（5）对于违章作业、违章指挥，不按规范、标准、规程施工者应加强教育，情节严重的应按有关规定予以严肃处理。

（6）电缆不得沿地面明敷，埋地敷设时：过路及穿过建筑物时必须穿保护管，保护管内直径不小于电缆外径的1.5倍，过路保护管两端与电缆间应作绝缘固定，在转弯处和直线段每20m设电缆走向指示桩。

（7）电缆不宜沿钢管、脚手架等金属构筑物敷设，必要时需用绝缘子作隔离固定或穿管敷设，严禁用金属裸线绑扎加固电缆。

（8）生活区、办公室等内配线必须用绝缘子固定，过墙要穿保护管。

（9）停用的配电线路、设备应切断电源，工程竣工后的配电线路设备应及时拆除。

（10）在高压输电线路下方从事任何作业均应满足安全距离要求。在架空线附近吊装作业时，应设专人监护至工作完毕。

（11）施工现场的变压器应安装在高于地面0.5m的基础上或杆上，室外变压器四周应装设不低于 1.7m 的固定围栏，围栏应严密，围栏内应保持整洁，无杂物、杂草等，变压器外廓与围栏的净距不得小于 1m，有操作面时不宜小于 2m，围栏设向外开的门并配上锁，并在围栏周围的明显位置悬挂警示牌。

（12）易燃、易爆、有腐蚀性气体的场所应采用防爆型电器，在多尘和潮湿的场所，应采用封闭型电器。

（13）施工现场的茶炉、食堂等使用的鼓风机，应设控制箱用漏电开关控制。

（14）自备发电机电源与外电源相互联锁，严禁并列运行。

（15）搬运、停用、检修打夯机时，应切断电源，雨雪天应停止使用，并作防雨水措施。打夯机开关必须使用定向开关且固定牢固，操作灵活，进出线口应有绝缘圈。

（16）潜水泵使用前应作检查、测试，绝缘电阻不小于 5MΩ，电缆线应接线正确、无破损、无接头，泵运行时，在半径 30m 的水域内不得有人、畜进入。挪动水泵时应断电，并不得拉拽电缆，挪动水泵的绳应用绝缘绳或采取绝缘保护措施。

（17）劳务队宿舍内不宜安装插座，确需安装时必须由电工按标准统一安装。

3. 机械安全

（1）中、小型机械要做到清洁、润滑、紧固；状态到位、做好防腐。安全防护得力，确保机况良好。

（2）机动翻斗车要做到合理使用、正确操作、安全行驶、定期保养，确保机况良好，不带故障出车。

（3）机动翻斗车应设置防雨、防砸车棚。应在车棚明显处应悬挂安全操作规程和设备负责人牌。向槽、坑、沟内卸料时，应保持安全距离，并设置挡墩。

（4）所有设备的皮带传动、链条传动和开式齿轮传动等都必须有防护罩，并固定牢固。

（5）不准带电对机械设备进行保养，不允许触摸设备的转动部位。操作必须带好工作帽。

（6）用电做动力的中、小型机具设备，要求将保护零线引出，并紧固在设备的明显部位，保护零线不允许有接头，也不允许用单股线做保护零线。

（7）蛙式打夯机必须使用定向开关，严禁使用倒顺开关。

（8）机械、设备的操作工操作设备时，都必须严格遵守操作规程，做到持证上岗。

（9）机械、设备和机械、设备的钢丝绳，应定期进行检查、保养。经检查对已达到报废的钢丝绳时应及时报废更换，安装新钢丝绳应符合要求。

4. 卫生医疗安全防治措施

不定时的对施工人员开展健康教育，使施工人员掌握基本卫生医疗知识，提高自身防范意识。

与当地的医疗机构取得联系，了解当地易发的各种疫情，便于采取必要的防治措施。定期进行身体检查，了解自身的健康状况，防止传染病的交叉感染及蔓延。

加强后勤工作管理，保证职工的饮食健康。

冬季和夏季注意防寒与降暑，保证职工的良好工作状态。

工地配备基本的医疗药品，便于突发事件的临时处理。

5. 消防治安措施

做好消防治安工作，积极与公安消防部门联系，做好法制宣传教育工作，坚持"预防为主，消防为辅"，保护既有设施和施工设备物资的安全，确保施工顺利进行，采取以下具体措施：

（1）施工队设 1 名专职保安人员，协同搞好治安联防。同时各级组织均成立治安消防领导小组和义务消防队，做好治安、消防防范工作。

（2）广泛开展法制宣传和"四防"教育，提高广大职工群众保卫工程建设和遵纪守法的自觉性。对施工现场的贵重物资，重要器材和大型设备，要加强管理，严格有关制度，设置防护设施和报警设备，防止物资被哄抢、盗窃或破坏。

（3）经常开展以防火、防爆、防盗为中心的安全大检查，查堵漏洞，发现隐患限期整改。

严格执行《消防法》有关要求，在库房及临时房屋集中的地方，配备各种消防器材并定期检查。加强对职工的防火教育，建立严格的防火管理制度，在施工现场设立防火警示牌，并设专人巡逻监督。大风季节施工时，要加强火源管理，未经批准不随意用火，用火时要设专人管理，并在火源四周设置安全防线。加强对机动车辆及电源的管理，必要时加戴防火罩和采取其他防火措施，加强对易燃材料的保管。

九、环境保护体系及措施

1. 环境保护

环境保护、水土保持目标：维持沿线的生态平衡，造福沿线居民。施工单位认真贯彻执行国家"全面规划、合理布局、综合利用、化害为利、依靠群众、大家动手、保护环境、造福人民"的环境保护工作方针，施工期间必须遵守国家和地方政府所有关于控制环境污染的法律和法规，采取有效的措施防止施工中的燃料、油、石灰、化学物质、污水、废料、垃圾等有害物质对河流，水库的污染；防止扬尘，噪音和汽油等物质对大气的污染，在居民区的施工，一般情况把作业时间限定在 6：00～22：00，尽量避免夜间作业。

2. 水土保持

遵照国家《水土保持法》的要求，结合本标段水土保持实际情况，项目部在进行施工的同时，认真做好水土保持工作，并采取如下环保措施。

（1）项目部、施工队生活、工作区均应设置良好的排水设施并与永久性排水相结合。

（2）对施工工人进行保护动植物的教育和培训，明确保护责任。

（3）在施工过程中最大程度地避免对树林和其他植被的破坏。

（4）施工中建造临时沉淀池以被扰动土壤的水土流失情况。必要时，在沉淀池排水出口设置布或土围墙。

（5）在暴雨来临前不能采取永久性防护措施处，将在动土点或其他易于发生水土流失的地点用草垫加以防护。

（6）对施工临时用地，将原有表层熟土（约 15～30cm）收集起来统一堆置，并播散草籽防止土壤养分流失，待施工完毕将这些熟土恢复和整理。

（7）保持排水系统的通畅，保证在任何时候其都具有良好的工作状况。

3. 水质及水利设施保护

（1）油类、漆料等化学品不得堆置于河流、鱼塘、湖泊及饮用水井附近，并配备足够遮盖的帆布，防止雨天化学品随雨水进入水体。有害的化学药品用专门的容器单独存放、专人保管。

（2）凡进行施工作业产生的污水，必须控制污水流向，防止蔓延，并在合理的位置设置沉淀池，切勿直接排入当地农田或河流。

（3）采取必要的措施，防止泥土和石块阻塞河流、水渠或灌溉排水系统。

（4）在现有的灌渠被施工临时占用时，建造用于灌溉用的临时性沟渠或水管。

（5）在公路路基处理之前预埋涵管，管道应具有足够的过水断面，且不小于原过水断面，管底低于原渠底标高。

（6）施工完毕后，要恢复或重建灌溉和排水系统。

（7）在进行河道桥墩施工时，采用围堰封闭施工，以免污染水体。

4. 施工噪声防治

施工噪声防治措施主要用来保护公路沿线声环境敏感点，如农村居住区及学校等环境敏感点，具体措施如下：

（1）保证机械加工点远离居民集中区或其他环境敏感点至少150m的距离。

（2）严禁夜间安排噪声很大的机械施工（22：00至第二天6：00）。

（3）合理安排施工时间，避开人口密集地带敏感时段。合理安排高噪声施工作业时间。同时密切监测噪声情况，如果噪声超标则在该路段设置临时声屏障。

（4）注意保养施工机械，使机械维持最佳工作状态，使噪声维持最低噪声水平。

（5）配备便携式声级计，对施工点尤其是敏感点处的噪声级进行常规的监测。

5. 大气污染防治

（1）配备一定数量的洒水车，对未铺筑的临时道路进行洒水处理，主要在干旱无雨天气和大风天气，一日两次以减轻扬尘污染。

（2）易洒落粉状物料的堆场，采取防风遮盖措施，以减少扬尘。

（3）水泥、砂等易洒落散装物料的运输，采取防风遮盖措施，尤其在干旱大风天气，以减少扬尘。

（4）施工现场架设的搅拌设备，均应安设除尘装置。

6. 公众干扰的防治

（1）确保公路施工行为不破坏沿线的公众服务设施。

（2）配备临时供电、通信、供水以及其他装置。

（3）对利用现有道路进行施工物资运输应进行合理的规划并同当地政府进行协调以避免现有道路的交通堵塞。

（4）在每一个施工现场的入口设置一个广告牌，写明工程承包者、施工监理单位以及当地环保局的热线电话号码和联系人的姓名，以便群众受到施工带来的噪声、大气污染、交通以及其他不利影响时与有关部门进行联系。

7. 公众健康和安全

（1）对施工员进行疾病控制等知识的教育，尤其是一些疫情、传染病等。

（2）对施工工人提供必要的自我保护装置，例如安全帽、耳塞以及其他安全防护装置。

（3）为沿线群众的安全采取有效的防护措施。在施工场地和其他解除地点设置围栏禁止公众通行；当公路在公众集中区进行施工时，采取有效的保护措施。

（4）对炸药的运输和储存安排专人负责，并对炸药爆炸作业和爆炸地点进行仔细严格的管理。

（5）对炸药爆炸作业前，将距爆炸地点 500m 之内的居民房屋进行详细的调查，对那些禁不起爆炸带来强烈震动的房屋，在爆炸之前进行加固维修。

8. 施工营地

将按照"安全、环保、文明、适用"的原则进行施工营地的建设，并做到：

（1）施工营地设置化粪池并对其进行定期的清理；

（2）严禁各种废水直接排入河流、鱼塘、湖泊等自然受纳水体；

（3）定期收集施工营地的各类固体废物，将其送到指定的固体废物处理站进行处理；

（4）确保饮用水达到国家饮用水水质标准；

（5）随时保持施工营地的整洁、卫生、有序。

9. 施工后期的场地恢复措施

（1）施工范围内的所有建筑垃圾、废渣、碎石、杂草及拆除后的临时建筑物等必须清除干净，并统一堆放整齐或覆盖，不得对周围的环境造成污染；

（2）清除临时建筑物后，从取土坑处取土或利用收集的原有表层熟土予以还耕；

（3）对弃土场予以适当的平整、修整边坡，防止坍塌、滑坡和水土流失，并在弃土场附近及时开挖排水沟，排出积水；

（4）对取土场能整平还耕的予以还耕，若不能还耕的可以根据实际情况改作池塘。

十、文明施工与文物保护

1. 文明施工保证措施

（1）加强宣传活动，统一思想，使广大干部职工认识到文明施工是企业形象、队伍素质的反映，是安全生产的保证，是工程优良、快速施工的前提，增强文明施工和加强现场管理的自觉性；

（2）严格组织施工管理，开展文明施工，创标准化施工现场。施工前做到全员教育，全面规划，合理布局，化害为利，为当地居民创造和保持一个清洁适宜的生活和生产环境；

（3）项目经理部内由专人负责文明施工管理工作，与有关部门经常联系，针对工程特点，对下属施工队提出施工过程中文明施工要求，定期进行检查；

（4）施工现场安排做到布局合理，标志醒目，材料定位堆置，机具进出场有序，路沟畅通，管线齐全，生活设施清洁文明，施工安全有序；

（5）经常对工人进行法律和文明施工教育，严禁在施工现场打架斗殴及进行黄、赌、毒等非法活动；

（6）定期组织文明施工检查，交流经验、查纠不足，严格奖惩；

（7）工程竣工后，及时拆除一切临时设施，并将工地及周围环境清理整洁，对临时用地及时复耕。

2. 文物保护保证措施

（1）向施工人员普及基本文物知识；

（2）一旦在施工中发现地下大量古陶瓷、古钱币、工具或其他具有地质或考古价值的物品，立即停止施工，将有关情况报告监理单位及当地文物保护部门；

（3）土方工程以及其他需要借土、弃土时，对现有的或规划的保护文物遗址，采取避让的原则进行地点的选择。

第二节 《土方机械 平地机 术语和商业规格》GB/T 7920.9—2003

一、应用范围

《土方机械 平地机 术语和商业规格》国家标准标准号为 GB/T 7920.9—2003，该标准规定了自行式平地机及其装置的术语和商业文件的技术内容。该标准适用于 GB/T 8498—2008 中定义的平地机。

二、术语和定义

1. 平地机

自行的轮式机械，在其前后桥之间装有一个可调节的铲刀。该机械可配置一个装在前面的铲刀（推土板）或松土耙，松土耙也可装在前后桥之间。

2. 运输质量

没有司机的主机质量。但包括润滑系统，液压系统和冷却系统（均装足油、液）；燃油箱装 10% 容量的燃油；是否带有工作装置、司机室、机棚、滚翻保护结构（ROPS）或落物保护结构（FOPS）由制造商来确定。

3. 最大行驶速度

在坚硬水平地面上，每个前进挡和后退挡上所能达到的最大速度。

4. 松土耙

带齿的机械，这些齿能插入并疏松土质、沥青和碎石等路面的表层。它可装在平地机前桥前面或可装在前后桥之间。

5. 松土器

由支承架组成的并装有一个或多个齿的装置。它可通过一固定架与平地机的后部相连。

6. 前置铲刀（推土板）

装在平地机前桥前面的一铲刀，通常用于向前铲、推泥土或类似的物料。

7. 转弯半径

在规定的试验条件下，当机器进行最大偏转的转弯时，其轮胎中心（划出最大圆的车轮）与试验场地表面接触所形成的圆形轨迹直径的二分之一。

8. 前桥离地间隙，$H18$

基准地平面（GRP），与该桥上两个位置之间沿 Z 坐标的距离，两个位置是：a）位于零 Y 平面上的前桥的最低点；b）在零 Y 平面任一侧，前轮距的 25% 处，前桥的最低点，如图 3-1 所示。

9. 铲刀侧移距离，*W*15

可移动铲刀的中点相对于回转圈中心，沿铲刀长度方向平行移动的距离，如图 3-2 所示。

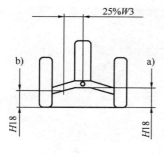

图 3-1 尺寸 *H*18

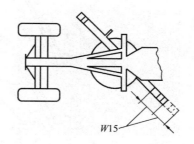

图 3-2 尺寸 *W*15

10. 铲刀水平调整角，*A*8

通过刀片下缘一垂直平面与 *X* 平面之间的夹角（平面与坐标轴示意图如图 2-1 所示），如图 3-3 所示。

11. 铲刀倾斜角，*A*9

铲刀沿平地机行驶方向移动时所形成的平面与 GRP 之间的夹角，如图 3-4 所示。

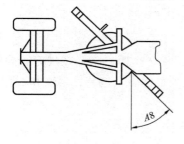

图 3-3 尺寸 *A*8

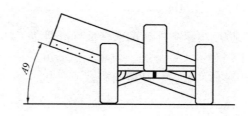

图 3-4 尺寸 *A*9

12. 铲刀切削角，*A*10

铲刀置于 GRP 上，对于平面形刀片，则为其前表面所在的平面与 GRP 之间的夹角；对于曲面形刀片，则为其下缘处和前表面间相切的平面与 GRP 之间的夹角，如图 3-5 所示。

13. 车轮倾斜角，*A*12

车轮倾斜时，通过轮缘平面与垂直平面之间的夹角，如图 3-6 所示。

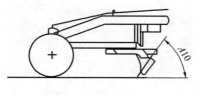

图 3-5 尺寸 *A*10

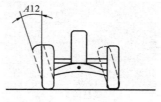

图 3-6 尺寸 *A*12

14. 切削宽度，WW7

通过刀片或侧刀片两外侧端点的两个 Y 平面之间，沿 Y 坐标的距离，如图 3-7 所示。

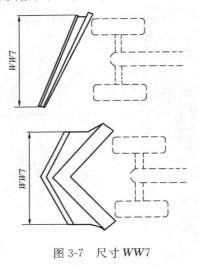

图 3-7 尺寸 WW7

第三节 《平地机 技术条件》GB/T 14782—2010

一、应用范围

《平地机 技术条件》国家标准标准号为 GB/T 14782—2010，该标准规定了自行式平地机的术语和定义、分类、要求、试验方法、检验规则、标志、包装、运输和贮存。该标准适用于整体或铰接机架的自行式平地机。

二、要求

1. 平地机主要性能指标（见表 3-4）

平地机主要性能指标 表 3-4

序号	项 目		性能要求	备 注
1	铲刀升降速度/ （mm/s）	升	≥100	
		降	≥120	
2	铲刀侧移速度/ （mm/s）	伸	≥50	
		缩	≥100	
3	铲刀油缸沉降量/（mm/30min）		≤8	
4	最大牵引力/ kN	后轮驱动	$\geq 0.75 G_1 \cdot g$	G_1 为后轮荷重，$g = 9.81 \text{m/s}^2$
		前轮驱动	$\geq 0.75 G_2 \cdot g$	G_2 为前轮荷重
		全轮驱动	$\geq 0.75 G_3 \cdot g$	G_3 为整机重量
5	爬坡能力		≥25%	
6	制动性能		应符合 GB/T 21152 规定	

续表

序号	项 目		性能要求	备 注
7	液压系统固体颗粒污染等级	采用柱塞泵系统	≤-/18/15	1 行驶试验及 2h 作业后检查
		采用齿轮泵系统	≤-/19/16	2 污染等级符合 GB/T 14039 的规定
8	变速箱或变矩器油固体颗粒污染等级		≤-/20/17	
9	整机密封性（10min）		无渗	
10	操纵力		应符合 GB/T 8595 规定	
11	机外辐射噪声		应符合 GB 16710.1 规定	
12	司机耳旁噪声/dB（A）		≤88*	
13	司机座椅振动		应符合 GB/T 8419 规定	
14	排气污染物排放		应符合 GB 20891 的规定	厂家提供试验报告
15	整机可靠性	工作可用度（有效度）	≥85%	
		平均失效间隔时间（平均故障间隔时间）/h	≥200	
		平均首次失效前时间（首次故障前平均工作时间）/h	≥200	

* GB 16710.1—1996 修订后，按 GB 16710.1 的规定。

液压系统应符合 GB/T 3766—2001 的规定，液压元件应符合 GB/T 7935—2005 的规定，液压油的最高温度和最大温升应处于平地机正常工作允许的范围内。柴油机应符合 JB/T 4198.1—2001 的规定。动力换挡变速器应符合《工程机械动力换挡变速器》GB/T 25627—2010 的规定。液力变矩器应符合 JB/T 9711—2001 的规定。驱动桥应符合 JB/T 8816—1998 的规定。制动器应符合 JB/T 5948—2013 或 JB/T 5949—2013 的规定。平地机应传动平稳，无异常声响。燃油箱的容量应保证连续作业时间不少于一个作业班次。车轮应符合 JB/T 7155—2007，其轮辐与轮毂的安装尺寸应符合 JB/T 7698—2007 的规定。仪表应符合 JB/T 7696—1995 的规定。全轮驱动时，前桥液压驱动应符合以下要求：a）前桥驱动时，在行驶和作业中应保证前后轮同步，前轮不允许出现打滑现象；b）脱开机构应保证前桥、后桥脱开，前桥、后桥能单独驱动。

2. 安全、环境保护和舒适性要求

平地机的安全技术要求应符合 JB 6030—2001 的规定。平地机的制动、爬坡性能按表 1 的规定。平地机的噪声、排气污染物排放按表 1 的规定。如配备全密闭司机室，平地机应符合 GB/T 19933.2—2014、GB/T 19933.4—2014 和 GB/T 19933.5—2014 的规定。平地机操纵装置的布置应符合 GB/T 21935—2008 的规定。司机室的地板和脚踏板应防滑；司机室内放置的高压胶管或蓄电池应有保护装置。司机室应符合 GB/T 8420—2011 的规定，并装设便于司机随时了解和观察平地机所处作业状态的指示图表或仪器。平地机上应设有电源插座，插座位置应便于接近，插座应能防止错误连接。平地机司机视野应符合 ISO 5006—2006 的规定。平地机的监视镜和后视镜应符合 ISO 14401—2—2009 的规定。平地机的照明、信号和标志灯以及反射器应符合 GB/T 20418—2011 的规定，其前进、后退报警音响应符合 GB/T 21155—2007 的规定。

3. 检验规则

（1）出厂检验

平地机经出厂检验合格后方可出厂。在进行外部观测中检查平地机是否符合技术文件要求时，整机或部件均不解体，此时检查如下项目：①整机装配的正确性和完整性；②铸件、焊接件、漆膜、颜色的外观质量；③整机油、水、气的密封性；④各润滑部位的润滑状态；⑤燃油、润滑油、液压油的装机情况；⑥整机、随机备件、随机工具及使用说明书等发货的完整性；⑦仪表及电气设备齐全有效。

出厂检验项目可按下列项目选择：①制动要求；②50 km 行驶；③整机密封性能；④液压系统压力；⑤操纵力；⑥2h 作业试验；⑦铲刀升降速度；⑧铲刀侧移速度；⑨润滑油及液压油固体颗粒污染度。

（2）型式试验和周期试验

有下列情况之一时，至少抽 1 台平地机进行型式检验：①新产品、变型产品或老产品转厂生产需定型鉴定时；②产品正式生产后，如结构、工艺、材料有较大改变，可能影响产品性能时；③产品停产三年以上，恢复生产时；④出厂检验结果与上次型式检验有较大差异时；⑤国家质量监督机构提出进行型式检验的要求时。

型式检验项目：①出厂检验项目；②性能试验项目（出厂检验之外的其他性能项目）；③可靠性项目。

周期检验项目（正常生产时，定期或积累一定产量的周期性检验）：①出厂检验项目；②性能试验项目（出厂检验之外的其他性能项目）。

第四节 《土方机械 安全 第 8 部分：平地机的要求》GB 25684—2010

一、应用范围

《土方机械 安全 第 8 部分：平地机的要求》国家标准标准号为 GB 25684.8—2010，该标准与 GB 25684.1《土方机械 安全 第 1 部分：通用要求》（规定了土方机械的通用安全要求）合并使用。本部分的特定要求优先于 GB 25684.1—2010 的通用要求。该标准适用于 GB/T 8498—2008《土方机械基本类型识别、术语和定义》定义的平地机。该标准规定了本范围的土方机械在制造商指定用途和预知的误操作条件下应用时，与其相关的所有重大危险、危险状态或危险事件；并规定了在使用、操作和维护中消除或降低重大危险、危险状态或危险事件引起的风险的技术措施。

注意：该标准不适用于在该标准实施前制造的机器。

二、安全要求和防护措施

1. 司机座椅

当机器需司机坐着操作时，应安装一个可调节的座椅，该座椅能在允许司机按预期工作条件下控制机器的位置上支撑司机。座椅的尺寸应符合 GB/T 25624—2010《土方机械司机座椅尺寸和要求》的规定。为适应司机身材而做的所有调节应符合《土方机械司机座椅尺寸和要求》GB/T 25624—2010 的规定，且在无需使用任何工具时，所有的调节操作应易于完成。

小型机器座椅调节应符合下列规定：①座椅前后调节距离（见 GB/T 25624—2010 中表 1 的 12 不应少于±35mm，或常用司机操纵装置可做相应的调节；②不需要垂直调节（见 GB/T 25624—2010 中表 1 的 h1）。

司机座椅的减振能力应符合 GB/T 8419—2007《土方机械司机座椅振动的试验室评价》的要求。装有 ROPS 或 TOPS（倾翻保护结构）的机器应配备满足《土方机械座椅安全带及其固定器性能要求和试验》GB/T 17921—2010 规定的司机约束系统。座椅还应符合 GB/T 8419—2007 规定的 EM4 输入谱类的要求。

2. 挡泥板

设计速度（见《土方机械行驶速度测定》GB/T 10913—2005）大于 25km/h 的土方机械应配备符合《土方机械防护装置定义和要求》GB/T 25607—2010 规定的挡泥板，以保护司机位置免受轮胎或履带弹出碎片的伤害。

平地机的前轮是否配备挡泥板不作要求，设计速度大于 25km/h 的平地机，其后轮要配备挡泥板，以保护司机位置免受轮胎弹出碎片的伤害。

3. 转向系统

（1）一般要求

转向系统应确保转向操纵（按《土方机械 司机的操纵装置》GB/T 8595—2008）与预期的转向方向一致。前进/倒退行驶速度超过 20km/h 的橡胶轮胎式机器的转向系统应符合《土方机械轮式机械的转向能力》GB/T 14781—2014 的规定。

（2）操纵装置

前轮转向、铰接转向和桥架转向应由各自的操纵装置独立驱动，轮胎式、铰接式和桥架式转向，是各自一种平地机的转向的型式。

（3）转向性能试验

前进/倒退行驶速度超过 20km/h 的橡胶轮胎式机器的转向系统应符合《土方机械轮式机械的转向能力》GB/T 14781—2014 的规定。

下述条款适用于该标准：①转向性能试验应只用于前转向装置（阿克曼转向系统）；②在试验期间，倾斜的前轮应处于垂直的位置，铰接转向或桥架转向装置应处于笔直朝前的位置。

（4）行驶工况的安全要求

在公共道路上行驶或长距离在非道路上行驶时应符合下列要求：a）倾斜的前轮装置应处于垂直的位置，并且对应的结构应被机械锁住；b）所有的铲刀和附属装置应处于运输位置，以便使它们在规定的运输宽度之内。

第五节 《土方机械 司机培训方法指南》GB/T 25623—2010

一、应用范围

《土方机械 司机培训方法指南》国家标准标准号为 GB/T 25623—2010，该标准规定了土方机械司机培训课程的内容与要求，该标准不规定司机操作能力的熟练过程和评估过程，因为这部分内容应由国家培训方法和管理规程进行规定。该标准适用于 GB/T 8498—2008 定义的土方机械。

二、要求

1. 培训内容

（1）一般要求

各独立培训项目宜与所有培训内容结合，循序渐进，保证学员从了解基本原理到掌握复杂机器的操作技能。在遵守整个培训程序中，可根据不同情况对各项目的实际内容进行调整。

对司机进行实际机器操作培训时，在每台机器上同时参加培训的学员不宜超过两名。每个教练员最多可管理三台机器。在实际操作培训的最初阶段，最好每台机器配一名教练员。在最初 4h 内，一名教练员不宜同时指导四名以上的学员操作两台机器。

（2）培训项目

培训的目的是为了让学员掌握基础知识和正确操作机器的基本技能。包括：

①启动和停车；②主要机构如发动机、变速箱等的保养；③基本尺寸数据如长度、宽度、质量、接地比压、速度等；④影响机器生产率的各种因素；⑤各种图表和载荷表；⑥司机手册（重要性及其使用）；⑦常用机器的操作，如：基本工况的小型自卸车、轮胎式和履带式机器。

2. 基本培训

（1）一般要求

规定了土方机械必要的基本操作技巧及最低限度的机器维修保养，包括了解司机手册中各主要技术参数、术语和资料的重要性。培训内容应兼顾课堂教学（示范）与工地（车间）实际操作。因为具体条件和设备不同，所以本标准不规定实际的培训方法或所使用的培训设备。

（2）安全操作

在培训过程中，应经常强调安全操作和事故预防。在司机操作培训期间，首先应进行安全教育。在初期培训阶段要特别注意避免形成不安全操作的习惯。应对学员强调司机手册规定的安全规程和数据，使其注意机器安全标志和符号，特别是认可的 ISO 或其他符号。应充分强调机器安全装置（如滚翻保护结构）、视觉和听觉报警装置的重要作用，懂得如何保持其不出故障和随时都能正常使用的重要性，还应包括手势和其他标志的正确使用问题。

（3）主要内容

1）关于司机操作指南、润滑和安全方面的司机手册的使用（见 GB/T 25622—2010）；

2）充分了解简图和符号所代表的相关意义并能够使用（见 GB/T 8593.1—2010 和 GB/T 8593.2—2010）；

3）基本性能数据，例如：质量、接地比压和速度等；

4）机器在基本工况的实际操作，包括了解影响机器最大生产率的因素；

5）与机器性能和稳定性有关的载荷表的应用；

6）机器的保养项目，如发动机、变速器、冷却系统、润滑系统、电气、轮胎、履带、制动器等，包括工具的使用（见 ISO 4510—1—1987）、保养和司机手册（见 GB/T 25622—2010）；

7）机器启动、停车及注意事项；

8）机器上各种仪表的功用；

9）与司机职责相关的气动和液压操作系统的原理及使用；

10）司机的一般职责，特别是机器装配及拆卸、更换配件及维修保养等职责范围；

11）正确安全地操作，避免发生事故；

12）常规检查司机手册中所规定的项目（见 GB/T 25622—2010）。

（4）培训时间和培训地点

最短培训时间是对有文化和接受能力比较强的学员，对文化水平较低的学员（特别是那些不熟悉专业术语的）可根据实际需要适当延长。

培训课程宜在培训中心进行，或在有适当监督管理的制造商或承包商的试验场或施工工地上进行。

培训大纲的内容及培训时间与学员的文化基础有关。培训时间应不少于 40 h，必要时可适当增加培训时间。培训课程宜有足够的课堂教学时间，以便能达到操作所需的技术能力水平。其余时间宜结合实际机器进行操作。

实际指导可在培训基地或在条件适宜的施工工地进行。

3. 特定机种的专门培训

（1）一般要求

培训内容适用于完成基本培训后已获得一定操作经历的司机，可使其进一步提高操作技能。

单项教学大纲只包括所列出的一个机种，而其他机种另有相应的标准课程。机器应按其功用相似程度来划分。

在整个培训期间，应反复强调基本培训中的"安全操作"。在课程即将结束时，学员们可能只是理解了安全操作的一些要点，此时应再重复强调安全操作。

（2）特定机种的主要培训内容

1）机器介绍

通过课堂教学与实物观察介绍机器的用途、主要设计性能、参数、功能和使用范围。

2）操纵装置

应包括以下内容：

①操纵装置的使用和说明；②操纵装置相对司机位置的布置；③仪表的识别。

3）起动、起步和停车

包括起动机器前的各项检查、操作规程和安全操作，如：

①在起动机器之前应进行的检查和确认，如：液位和泄漏检查；零件有无松动、磨损和丢失；清除履带、传动轴和下部总成上的障碍物；轮胎气压和履带状况，并查看机器周围以保证人员安全。

②启动发动机的操作顺序：

A. 检查操纵装置的位置；

B. 在各种环境温度和不利气候条件下启动发动机。

注：跨接启动时也应遵守司机手册中有关安全措施。

③停车操作顺序：

A. 停车操作；

B. 停放机器操作（注意操纵装置和工作装置位置，应释放转向蓄能器等的残留压力）；

C. 发动机怠速；

D. 发动机熄火操作；

E. 安全锁紧。

4）日常操作

说明各种操纵装置的作用及如何使用，如：

①机器操作前的日常检查：调整司机座椅和方向盘（如配备），清扫司机室并擦净玻璃，保证出入口畅通无阻；仪表检查（油压表等）；预热；系统检查（转向器、制动器等）。

②机器操作时的检查：仪表检查；报警装置功能检查；司机安全报警检查。

③高效操作的建议：换挡；转向；工作装置的操作；操作技巧；停车与停放；工作装置调整（例如：推土铲角度等）；班后日常保养；紧急操作；制动或转向失灵时的应急措施。

5）工作装置的安装

①操作方法；②随机工具的使用；③采取的防护措施。

6）机器在工地之间的转移

①公路行驶（例如：土方机械应遵守的公路交通规则）；②以公路或铁路转运时在其车辆上的安装和固定方法；③起吊方法，包括起吊点和拖挂装置等。

7）特殊环境下的使用

①在寒冷气候条件下应采取的措施：按制造商提供的手册中有关寒冷气候下的保养建议；按司机手册（见 GB/T 25622—2010）中有关润滑油、液压油、冷却液等的使用说明；专门的保护措施（例如：对电气设备、起动机等）；机器的预热；②在高温或潮湿气候下应采取的措施；③在泥泞、沼泽等条件下使用时应采取的措施；④在多尘天气条件下使用时应采取的措施；⑤在其他恶劣条件下（如：高原气候或腐蚀性空气）使用时应采取的措施。

8）燃油、润滑油、液压油、冷却剂等

应包括制造商提供的司机手册（见 GB/T 25622—2010）规定的燃油、润滑油等的使用说明：

①所用燃油、润滑油、液压油、冷却剂等的牌号规格；②油路等系统清洁的预防措施及重要性（见 GB/T 25622—2010）；③油箱和油路系统容量，单位为升；④按制造商的说明加油及加注压力。

9）润滑方法和保养措施

应包括下列规定：

①检查小时计日常读数（以确定润滑周期）；②制造商提供的手册中适当间隔润滑时

间表的使用（见 GB/T 25622—2010）；③润滑机器时的安全注意事项（如：机器未按制造商要求停放时不得润滑以及防火预防措施）；④其他注意事项：避免润滑油混用，在重新加油前应进行冲洗；在向润滑油槽加油前，应使机器水平停放；在机器油温升高时换油；仔细清洗所有的润滑油杯、通气孔、视油孔等；定期清洗或更换所有滤清器；检查密封圈状况（不要忘记将其放回）；当发动机机油放净后应做出明显标记，不要无油起动。

10）液压系统和气动系统的日常保养

应着重强调这些系统的特殊保养措施。

11）日常保养和预防措施

包括制造商提供的维修手册规定的维修保养操作和保养周期（见 GB/T 25622—2010）。

12）现场修理与故障排除

①司机利用随机工具（见 ISO 4510—1—1987）对机器进行修理和调整，可参考制造商提供的维修手册（见 GB/T 25622—2010）；②查找故障位置，参考制造商提供的维修手册分类信息（见 GB/T 25622—2010）。

13）常用零部件识别

正确使用制造商提供的零部件手册（见 GB/T 25622—2010）。

14）机器最佳性能和最高生产率

考虑到安全操作，应在授课各阶段结合实践经验讲解如何提高劳动和生产率、减少无畏劳动，减低燃油消耗以及减轻零件磨损。在课程最后应再强调生产率管理，例如：

①选择挖掘机或类似机器的工作位置，应使回转角度最小（以缩短循环时间）；②自行式铲运机的操作应充分考虑地面状况和气候条件（在潮湿泥泞地带作业时，减少装载量可提高生产率并大大减轻机器磨损）；③平整作业、岩石剥离、挖掘土方和在坡道上作业（包括横坡）时操作技巧的改进，当在斜坡转弯时的注意事项；④履带的调整应考虑到地面条件、每一循环的移动量、转速等，以使机器以最小的磨损和司机以最低的劳动其那个度来达到最大的生产率；⑤对公认的评价方法制定关于熟练程度的标准。

15）安全

在课程即将结束时，要再次强调司机应注意的安全操作，主要包括：

①机器的停放安全（如：停放机器是需楔住车轮等）；②作业场地的安全（如：机器不在陡坡上或易于塌陷凹坑处作业）；③不要在悬空的堤坝或凹陷下作业；④工作完成后，应将铲斗、铲刀等工作装置降落到地面上；⑤树枝和高压线；⑥确保所有安全装置完好无损，如：应急制动系统和转向系统、倒车报警器、座椅安全带等；⑦发动机运转时不应进行润滑保养和修理工作；⑧安全标志和符号的识别；⑨培训及机器操作中最重要的内容是"安全"。

4. 培训时间和地点

培训时间应取决于机器的种类及复杂程度，可根据需要增加培训时间。

（1）培训应包括足够的课堂教学，以达到所需的技术水平，其余培训应结合实际机器进行。实际培训课在培训机构或在适当的工地上进行；

（2）多数机种的专门培训课时不低于 70h，可根据需要适当调整课程。

第六节 《土方机械 操作和维修技工培训》GB/T 25621—2010

一、应用范围

《土方机械 操作和维修技工培训》国家标准标准号为 GB/T 25621－2010，该标准规定了土方机械的技工培训，该标准没有规定评定熟练程度或资格的任何程序，这些内容应按国家的相关规定执行。该标准不会取代任何适用的国家法规或标准。该标准适用于 GB/T 8498—2008 所定义的土方机械。

二、要求

最短的常规培训期限应按国家的相关规定，但是最好不要少于三年。当适宜于更高级或更专业化的培训时，可选设第四年培训。如果在培训开始之前，能够确定培训过程的长短，特别是如进行第四年培训，能确定有关性质和内容，则在决定个别培训或成组培训方面，通常是有益的。

1. 基本培训 第一年（或按适当时间）

第一年的培训目标是要向培训人员介绍生产情况，特别是关于机械设备，使其熟悉基本情况，激发其兴趣，为以后的培训教育打下基础。培训应采用讲课、示范表演和实际工作相结合的方法。培训可以在培训车间里进行；也可在适当的监督之下，在修理站或现场维修车间里进行。该标准中不规定实际的培训方法或使用的培训手段，应按国家的相关规定执行。

培训的起初三个月（可能更长）按规定应作为试用期，以使培训人员适应土方机械的维修工作。

培训的典型内容包括以下方面，其顺序与重要性和时间的先后无关。

（1）维修工作的安全

在整个培训教育期间，安全规程的实施和事故的预防必须始终作为重点。这种教育在实际维修作业期间，不仅应强调安全概念，还应强调维修作业执行高标准的重要性，以确保实际生产操作中机械的安全。在培训初期，必须特别注意制止违犯安全规程的做法和习惯，应着重强调各种机械手册，尤其是与维修和操作相关的、包含安全信息和数据资料的手册；应注意机械上的安全标志，特别是使用了已认可的国家标准和符号的安全标志。所有的安全装置保养的重要性以及视觉、听觉的警告信号，无论何时总是处于高效能的工作状态等，这些都应进行充分解释。

（2）熟悉机械设备

培训人员应尽可能广泛地掌握各种类型机械的全面知识，包括其用法和性能（见 GB/T 8498—2008）。还应熟悉与机械保养有关的操作技术，以及观察熟练操作者的工作情况，还应了解使用说明书（见 JG/T 36—1999）。

（3）机械的基本原理

应尽量地使培训人员懂得基本机械的工作原理，例如发动机、变速箱、齿轮、冷却和液压系统等等，使他们在培训第一年中懂得维修和保养的重要性。

（4）机械的保养

在机械的一般保养方面，特别是对普通类型的润滑装置和工具的用法（见 JG/T 34—1999），生产商的专用工具或辅助工具的用法方面，应给予充分的教育并使学员能够掌握和应用。

培训人员对下述各方面应充分熟悉：

1）保养程序及实际运用；

2）机械的操作；

3）维修日程和记录；

4）润滑图表；

5）维修和润滑手册的用法（见 JG/T 36—1999）；

6）维修期间正确而安全地使用机械，保证连续无故障地使用，例如使用清洗液等易燃溶剂时必须特别小心，以及在油的容器、管路、涂有润滑脂的表面上或其附近进行焊接时，要防止发生危险。

应举出不良或不当维修后的特别实例。

（5）材料的基础知识

应讲授土方机械所用的普通材料的性质，例如材料的成分和密度。

（6）基本的装配与焊接

应教授培训人员所不熟悉的手工工具的用法，包括锉刀、手锤、錾子、锯、刮刀、钻头、铰刀、丝锥、板牙等（见 JG/T 34—1999）其他一些常用的维修工具。

应教授包括低碳钢的气焊、电焊、锡焊的原理和实践的基本内容，包括在监督下进行简单焊接修理。应指明安全工作规程，例如着重指出焊接燃油箱时的爆炸危险，以及任何焊接工作开始之前，必须断开蓄电池或其他电源。

（7）尺寸及测量器具

应初步讲解工作图，至少应满足需要，使培训人员迅速而准确地学会普通的车间测量器具用法，特别是以下器具：

1）千分尺；2）塞规、卡尺及深度千分尺；3）卡钳和游标卡尺；4）塞尺；5）气缸压力计；6）扭矩扳手；7）检查蓄电池及冷却液的比重计；8）包括在 GB/T 14917—2008 部分表格中的其他适用器具。

（8）简单机床的使用

培训的第一年，在机床的使用方面将技巧提高到高水平也许是不现实的，如同有关的机械操作要求那样。在简单地使用钻床、车床、铣床等方面，应给以足够的测量器具。

（9）备件的鉴别与采购

应从制造厂提供的零件手册（见 JG/T 36—1999）中确定所要求的尺寸，使培训人员能够予以辨认并按要求订购备件。要指明确认磨损的零件应整修还是更换的重要性，特别注意各处的公差，更换的零件或构件所取得的数据可以在进一步培训时供培训者本人使用。

（10）关于机械修理的介绍

起初的基本教育，一般地是在监督之下在机械的修理当中进行的，其教育的典型内容包括：

1）修理原因的基本分析，是由于使用不当、过载还是磨损；

2）轮胎和车轮的拆卸和修理，包括防护罩的使用；

3）清洗堵塞了的燃油管和滤清器；

4）根据需要，检查、调整和更换软管、皮带和电缆；

5）涂漆修补。

此外，如有条件，培训人员应作为助手协助有经验的机械工，在部件中拆卸、清洗和更换零件，例如发动机、齿轮箱以及传动装置部件等。

2. 综合培训　第二年和第三年（或按适当时间）

综合培训应有计划地进行，在机械操作方面，到培训的第三年年末，把第一年中所获得的初步技能提高到实际应用的水平。对于接受第四年培训的培训人员，培训的重要如包括本章第三节（2）所涉及的内容，可能是有利的，要点应包括以下典型内容，其顺序与重要程序或时间先后无关。

（1）安全

在整个综合培训期间，以及以后的培训中，继续进行全面的安全教育，特别是有关保养和使用中安全问题的安全教育，是必不可少的。

（2）第二年培训

1）典型内容如下：

①简单的燃油系统的保养和修理；②发动机的保养，例如气缸盖的拆卸、气门、更换活塞环等；③在无需监督的情况下，拆下、清洗和更换零件；④工作装置的安装和拆卸；⑤车架、司机室等部件的小修，包括焊接、钎焊技术的应用等；⑥简单故障的发现以及电、气、液压系统的调整。

2）除上述内容外，培训人员还应受到机械检查过程的训练，应检查下列内容：

①外部损伤或故障的程度和状况，特别是关于结构件和承载零件；②各系统的正常功能（例如电器系统、液压系统、气路系统等）；③轮胎、软管、电缆、钢丝绳、制动装置、离合器等的状况；④转向车轮的校正；⑤故障的原因（例如轴承等），根据损坏零件的外观进行检查；⑥零件的尺寸，与图纸或技术要求对比进行检查。

3）尽一切努力使培训人员得到以下方面的教育和经验：

①安全规程，特别是车间工作方面，例如正确地顶起机器，支撑重的部件以及焊接时的防火措施等；②看懂与解释图样；③写简短报告，为零件画草图或拍照；④帮助修复损坏了的机器；⑤用测试装置判断故障；⑥作简单的修理预算，特别是对与修理有关的效益进行比较；或是更换零件并重新装配，或是安装制造商的维修更换部件；⑦材料的基本构成特性。

（3）第三年培训

第三年培训的目的，应使培训人员了解正确的工作程序和有计划的预防性保养的必要性，以及应包括使用诊断技术的训练，以判断故障和性能上发生问题的原因。机械保养的重点应是预防性的，而不是补救性的。培训人员应受到训练以认清其所需起到的重要作用。这一年的大部分时间，培训人员应在他所熟练的机器旁从事日常的生产，而他的工作应受到适当的监督。在培训的第三年年末，按培训计划应使培训人员在本标准规定的范围内，能够不受监督地进行工作，应有能力操纵机器，能够确认修理的效果（或其他方面），还应能够对现场工作程序提出意见，以防对机器的不合理使用。

1）对不参加第四年培训人员的培训

对不参加第四年培训的培训人员，第三年的典型内容应如下所述：

①拆卸并更换经选择的重要部件，例如齿轮箱、发动机、液压马达或油泵（"选择"在这里上下文中的意思指的是不需要彻底拆卸来达到更换部件的目的）；②燃油系统的大修，包括汽化器或喷射器通过油泵和过滤器到油箱的安全分解，并且重新装配和试验；③发动机冷却系统的大修；④车辆制动系统的大修；⑤拆卸和重装绞车的钢丝绳、滑轮系统等；⑥坚持保养、维修记录和监视操作者的操作；⑦弥补机械结构上的不足。

2）对预期参加第四年培训人员的培训

培训应包括1）中所列的项目，但培训的水平按规定应达到更高的标准，特别是要加上下述典型内容：

①拆卸、检查、重装并试验重要的部件，包括发动机、齿轮箱、履带；②工作装置的全面检查，安全方面的检查；③评价机械的质量情况并写出报告；④不重要零件的加工制造；⑤按标注尺寸的草图和其他图样制造零件；⑥简单零件的机械加工，例如整修制动鼓等。

3. 可选的高级培训　第四年（或按适当时间）

这个阶段的培训是要训练培训人员完全独立地从事土方机械更复杂的、需专门操作技术的工作。此外，应进一步提高进行检查和准备简短报告的能力。

（1）安全

关于安全问题应重新强调已经进行的教育。此外，培训应集中于进一步提高检查和评定全部机械和附件安全工作状况的技能（包括土方机械和机床），这些都是培训人员在其今后工作时很可能遇到的。

（2）培训计划

这个阶段，尽管对更复杂更不熟悉的工作需要一些监督指导，除性能方面外培训人员可能被要求承担无人监督的工作。以下是这种培训的典型内容：

1）更复杂的机械试验与修理（例如行星或多片离合器、变速器）可使用所提供的必需的专用试验装置等；

2）用最新的设备和技术诊断一般的机械故障；

3）使用各种形式的测试设备和仪器，判定机械的实际状况；

4）使用过程中的检查方法和技术；

5）预防性的计划保养制度，包括机械的使用计划和记录；

6）事故损害和故障的调查；

7）书写报告和生产中绘制工作草图技能的提高；

8）临时解决方法，包括修理中的修复方法；

9）事故或损坏之后的机械修复；

10）日常操作中机械的用法和一般安全问题，如本标准其他章节所规定的；

11）固态的其他电子设备适当的使用，包括故障的诊断和处理。

4. 进一步提高专业水平与复习课程

为使所有的维修人员都保持最新技术，整个培训范围还应包括较短的课程，这种课程在土方机械使用期限内，下述任何阶段能够采用。这种课程应分为两种类型：第一种是具有复习性质的课程，为的是重新熟悉原来的培训活动；而第二种的目的是使机修工人熟悉发展起来的新机械和新方法。

这样课程的确切性质和方向在本标准中没作规定，应按国家的相关规定执行，但建议为每一科目在"模式"的基础上制定出标准的教学大纲，这样可在任何方便的时候讲授课程。这里上下文中的"模式"课程可以包括一门有标准教学大纲的课程（如为期一周到半年）。这个大纲是在一种模式基础上与过去的培训相结合而制定的，在将来可能被采用。

这些课程的内容应按国家的相关规定，其规定的方式可被任何组织以适当的方法通过，或另一方面，也可由专门机构来起草这样的课程。这类课程的讲授常由专门的制造商、其他商业组织及正规的培训部门来举办。

第七节 《土方机械 操作和维修 可维修性指南》GB/T 25620—2010

一、应用范围

《土方机械 操作和维修 可维修性指南》国家标准标准号为 GB/T 25620—2010，该标准规定了如何将结构特点与维修保养相结合的指南，以提高 GB/T 8498—2008 所定义的土方机械的安全性、有效性、可靠性、易于维修和保养操作性。

二、要求

1. 术语和定义

（1）测试点

提供通道以了解机器状态，或是用于了解操作是否正确的常规检查或故障检查的点。

（2）维护点

提供通道以进行润滑、加注、排放或类似维护操作的点。

2. 概述

机器的设计与制造，应考虑到能够安全地进行常规的维修操作，无论何时都可以让发动机停止工作。对于在发动机运转中才能进行的检查或维修，应重新布置以使其与运动的或过热的零件接触的风险最小。

3. 各部分位置

（1）部件

①需要进行目测检查的地方，如油位和仪表，测试点应布置在人员不需要移动面板或其他部件的情况下就可以观察到的地方；

②需要日常维护的部件应布置在远离机器上高温零件的地方；

③需要频繁维修或更换的部件应布置在不用拆卸其他部件，就能接近的地方；

④对目视有严格要求的维修工作，部件应布置在能容易观察且通过灯光容易照明的地方；

⑤部件应设计并布置成沿着直的或略有弯曲的路径进行安装和拆卸，而不是通过有折角的路径进行安装和拆卸；

⑥容易损坏的部件应布置在远离需要进行频繁或繁重维修工作的地方或是带护板的地方；

⑦需要大的拔出力时，考虑利用把手来拔出部件，要在部件的上方安装一个装置，在一只手用于拔出时，另一只手可以支撑在该装置的凹槽内。需要用手拔出的部件应布置在可以拔出的位置；

⑧在部件不能被设置到可以直接接近的地方时，要考虑使用拔取器或支架。对于重的部件，应提供避免部件坠落而配备的可易于释放的限停装置；

⑨通常由同样工种的维修工人（如装配工、电工、机械工）进行维修的部件，无论何时都应成组地放在一起；

⑩如果可能。保险丝应组合在一起布置在一个单独的容易接近的位置，以便能够不需要拆卸零件或下一级组件就能看到并更换，应不需要使用工具就能更换保险丝。备用的保险丝应布置得靠近保险固定器并标出保险值。保险丝可能会被护板覆盖，所提供的护板应不需要工具就能拆卸。

（2）测试和维护点

①用于检查操作正确性和判断故障的测试点要设计得便于接近；

②在可能的地方，测试点应被组合布置在一起，这可表示出正在被测试的单元的分布；

③测试点应布置得靠近检查操作中所使用的控制装置和显示装置，以便司机能够操作这些控制装置并同时观察到显示装置；

④当有些设备被组装并安装到机器上时，测试和维护点要布置在这些设备上更易接近的零件上；

⑤测试点和维护点应尽可能布置在不需要拆卸任何部件或零件就能接近的地方；

⑥测试点和维护点应布置在所给定的程序中打开一个就能接近的地方；

⑦测试点和维护点应布置得远离带防护物或没带防护物的运动的零件或其他危险的区域；

⑧润滑点应位于容易接近的地方，需要时可利用导管或延长的油嘴。尽量使用集中润滑；

⑨接近润滑点应尽可能不拆卸罩盖；

⑩润滑油嘴应符合 GB/T 25618.1—2010 的要求；

⑪油尺及其他这样的液位指示器应布置在可接近的地方，而且应能够被完全取出而不要接触到设备的其他部分；

⑫液体的补充点应布置在因溢出而造成设备损坏的可能性最小的地方；

⑬排液点应可见并可接近作业，而且布置在人员可触到且泥浆或其他杂质不会堵塞到的地方；

⑭排液点不应置于会排放到人员身上或敏感设备上的地方；

⑮排液点应布置在可以使液体直接排放到废液容器中的地方；

⑯排液、加液和液位螺塞应符合 GB/T 14780—2010 的要求。

4. 维修矩阵表

（1）要维修的部件

根据维修用途部件可分为两种范畴：

1）液体（机油、燃油和水）和气体；燃油、冷却液、润滑油（发动机、变矩器、变速器、轴、终传动、回转机构）、液压油箱、进气系统、制动储气罐、雨刷器、司机室通风系统（过滤器）、空调器（制冷剂、过滤器）；

2）机械设备：风扇皮带、液压缸/液压阀、底盘弹簧/缓冲器、轮胎/车轮、履带支重轮/链轨和链轮、反作用转向/弹簧悬架车轮、转向液压缸/连杆、转向（履带）、切削刃/斗齿、空调器/空压机/冷凝器的皮带。

（2）每一层次下等级的定义

需要做维修的部件要考虑不同层次下的不同等级，例如：

1）作业位置：

第1级：站在或坐在机器上方或旁边；

第2级：站在或坐在机器下方；

第3级：躺在机器之下或在机器旁边；

第4级：在机器下方查找。

2）作业类型：

第1级：不需要拆卸盖板和盖子的维修；

2第2级：拆卸盖板和盖子时不需使用任何工具的维修；

第3级：只使用 GB/T 8593.1—2010 和 GB/T 8593.2—2010 规定的工具的维修；

第4级：使用其他特殊工具或设备的维修。

3）安全性：

第1级：没有运动的零件和没有危险的维修；

第2级：有运动的零件且有安全保护装置（例如在动臂下或在履带板上作业）的维修；

第3级：没有安全装置且如果没有正确地遵守指令的说明会有被伤害的危险（如对内部压力、高温时的维修）的维修；

第4级：没有安全装置且如果不正确地按照指令的说明有可能发生严重伤亡的危险的维修。

第八节 《建筑施工土石方工程安全技术规范》JGJ 180—2009

一、应用范围

行业标准《建筑施工土石方工程安全技术规范》JGJ 180—2009 是为了在建筑施工土石方工程作业中，贯彻执行国家有关安全生产法规，做到安全施工、技术可靠、经济合理，而制定该规范。该规范适用于工业与民用建筑及构筑物的土石方工程施工与安全。建筑施工土石方工程的安全技术要求，除应执行该规范外，还应符合国家现行有关标准的规定。

二、要求

1. 基本规定

（1）土石方工程施工应由具有相应资质及安全生产许可证的企业承担；

（2）土石方工程应编制专项施工安全方案，并应严格按照方案实施；

（3）施工前应针对安全风险进行安全教育及安全技术交底；

（4）施工现场发现危及人身安全和公共安全的隐患时，必须立即停止作业，排除隐患后方可恢复施工；

（5）在土石方施工过程中，当发现古墓、古物等地下文物或其他不能辨认的液体、气体及异物时，应立即停止作业，做好现场保护，并报有关部门处理后方可继续施工。

2. 机械设备

（1）土石方施工的机械设备应有出厂合格证书。必须按照出厂使用说明书规定的技术性能、承载能力和使用条件等要求，正确操作，合理使用，严禁超载作业或任意扩大使用范围；

（2）新购、经过大修或技术改造的机械设备，应按有关规定要求进行测试和试运转；

（3）机械设备应定期进行维修保养，严禁带故障作业；

（4）机械设备进场前，应对现场和行进道路进行踏勘。不满足通行要求的地段应采取必要的措施；

（5）作业前应检查施工现场，查明危险源。机械作业不宜在有地下光缆或燃气管道等2m半径范围内进行；

（6）作业时操作人员不得擅自离开岗位或将机械设备交给其他无证人员操作，严禁疲劳和酒后作业。严禁无关人员进入作业区和操作室。机械设备连续作业时，应遵守交接班制度；

（7）配合机械设备作业的人员，应在机械设备的回转半径以外工作；挡在回转半径内作业时，必须有专人协调指挥；

（8）遇到下列情况之一时应立即停止作业：

①填挖区土体不稳定、有坍塌可能；②地面涌水冒浆，出现陷车或因下雨发生坡道打滑；③发生大雨、雷电、浓雾、水位暴涨及山洪暴发等情况；④施工标志及防护设施被损坏；⑤工作面净空不足以保证安全作业；⑥出现其他不能保证作业和运行安全的情况。

（9）机械设备运行时，严禁接触转动部位和进行检修；

（10）夜间工作时，现场必须有足够照明，机械设备照明装置应完好无损；

（11）机械设备在冬期使用，应遵守有关规定；

（12）冬雨季施工时，应及时清除场地和道路上的冰雪、积水，并应采取有效的防滑措施；

（13）爆破工程每次爆破后，现场安全员应向设备操作人员讲明有无盲炮等危险情况；

（14）作业结束后，应将机械设备停到安全地带，操作人员非作业时间不得停留在机械设备内。

3. 场地平整

（1）一般规定

①作业前应查明地下管线、障碍物等情况，制定处理方案后方可开始场地平整工作；

②土石方施工区域应在行车行人可能经过的路线点处设置明显的警告标志。有爆破、塌方、滑坡、深坑、高空滚石、沉陷等危险的区域应设置防护栏栅或隔离带；

③施工现场临时用电应符合现行行业标准《施工现场临时用电安全技术规范》JGJ 46—2005 的规定。

④施工现场临时供水管线应埋设在安全区域，冬季应有可靠的防冻措施。供水管线穿越道路时应有可靠的防震防压措施。

（2）场地平整

①场地内有洼坑或暗沟时，应在平整时填埋压实。未及时填实的，必须设置明显的警示标志；

②雨季施工时，现场应根据场地排泄量设置防洪排涝设施；

③施工区域不宜积水。当积水坑深度超过 500mm 时，应设安全防护措施；

④有爆破施工的场地应设置保证人员安全撤离的通道和庇护场所；

⑤在房屋旧基础或设备旧基础的开挖清理过程中，应符合下列规定：

A. 当旧基础埋置深度大于 2.0m 时，不宜采用人工开挖和清除；

B. 对旧基础进行爆破作业时，应按相关标准的规定执行；

C. 土质均匀且地下水位低于旧基础底部，开挖深度不超过下列限值时，其挖方边坡可做成直立壁不加支撑。开挖深度超过下列限值时，应按照该规范规定的放坡或采取支护措施：

a）稍密的杂填土、素填土、碎石类土、砂土 1m；

b）密实的碎石类土（充填物为黏土）1.25m；

c）可塑状的黏性土 1.5m；

d）硬塑状的黏性土 2m。

⑥当现场堆积物高度超过 1.8m 时，应在四周设置警示标志或防护栏；清理时严禁掏挖；

⑦在河、沟、塘、沼泽地（滩涂）等场地施工时，应了解淤泥、沼泽的深度和成分，并应符合下列规定：

A. 施工中应做好排水工作；对有机质含量较高、有刺激臭味及淤泥厚度大于 1.0m 的场地，不得采用人工清淤；

B. 根据淤泥、软土的性质和施工机械的重量，可采用抛石挤淤或木（竹）排（筏）铺垫等措施，确保施工机械移动作业安全；

C. 施工机械不得在淤泥、软土上停放、检修；

D. 第一次回填土的厚度不得小于 0.5m。

⑧围海造地填土时，应遵守下列安全技术规定：

A. 填土的方法、回填顺序应根据冲（吹）填方案和降排水要求进行；

B. 配合填土作业人员，应在冲（吹）填作业范围外工作；

C. 第一次回填土的厚度不得小于 0.8m。

（3）场内道路

①施工场地修筑的道路应坚固、平整；

②道路宽度应根据车流量进行设计且不宜少于双车道，道路坡度不宜大于 10°；

③路面高于施工场地时，应设置明显可见的路险警示标志；其高差超过 600mm 时应设置安全防护栏；

④道路交叉路口车流量超过 300 车次/d 时，宜在交叉路口设置交通指示灯或指挥岗。

第四章 操 作 与 维 保

第一节 操 作 条 件

一、环境条件

1. 平地机的正常条件下的各种用途为：

清理地基、精平整、破裂旧路和坚硬土地、刮坡、整形、混合摊铺、收集和压实物料，铲除冰雪等；

2. 如果用于其他目的或有潜在危险的环境，例如在高原缺氧、易燃易爆环境或含有石棉粉尘的区域，则必须遵守特别的安全规定，而且必须为机器配备适合相应用途的装置；

3. 平地机不适宜在地下或通风情况不良的环境中工作，因为有些平地机配置的发动机是直喷射式，发动机废气的特殊过滤不充分；

4. 在操作机器时，机器作业范围内无障碍物和无关人员。

二、人员条件

操作及维修人员的岗位能力要求：

1. 持有认可的施工作业岗位培训合格证书，接受过设备制造商或专业教育机构专业培训并已被证明具备操作能力的人才能操作平地机；

2. 在操作机器时，务必穿戴适合工作的紧身服和安全帽等安全用品；

3. 只有专业技术人员和售后服务人员才能检查、维修、保养平地机。

三、操作前准备工作

1. 发动机启动前的检查

（1）先确认挡位选择器处于空挡，停车制动器按钮处于按下位置；

（2）检查轮胎气压是否正常；

（3）检查轮胎、前后机架、桥架与机架、作业装置等的紧固螺栓没有松动；

（4）检查减速平衡箱、桥架与机架的连接铜套、作业装置及其涡轮箱、前后轮轴承等各润滑点是否润滑到位；

（5）检查各液压管路是否损伤、渗漏，电气接线是否牢靠；

（6）检查发动机机油油位是否适当；

（7）检查燃油油位；

（8）检查发动机各滤清器（空滤器、机油滤清器、柴油滤清器）、燃油管路等是否良好；

（9）检查液压油箱油位指示器；

（10）检查水箱是否已加满水。

2. 启动发动机

（1）释放停车制动，把挡位选择器置于空挡位置（挡位选择器未置于空挡时，发动机不能启动）；

（2）鸣喇叭以提醒周围的人员；

（3）将钥匙插入点火开关，旋转到 1 位（如图 4-1 所示）。查看所有的指示灯及各种仪表显示是否正常；

（4）旋转起动钥匙开关至 3 位，待发动机一启动，立即释放启动钥匙开关；

图 4-1 点火开关

（5）为防止损坏启动器，必须做到：

①为避免启动器损坏，每次操作启动马达不可超过 10s，如果发动机不能被启动，将钥匙开关转回到关的位置，等 30s 后再试；

②在启动失败后，如不等到发动机停下便转动钥匙开关，将会损坏启动器；

③为保护蓄电池，每次启动要有 1～2min 的间隔时间；

④发动机温度低时，避免高速运转；

⑤系统上电后，待文本显示器初始化后，观察无异常方可从 1 位右旋钥匙开关，跨过 2 位到 3 位启动发动机；

⑥钥匙开关每次停在 3 位的时间不能超过 5s，连续三次启动不成功，要查找原因，排除故障后再启动。

3. 行驶前的准备

（1）释放停车制动器；

（2）检查各仪表、灯光显示、操作是否正常；

（3）检查行车制动、转向系统是否有效、可靠；

（4）如图 4-2 所示，将铲刀置于行驶位置，并尽量提高；

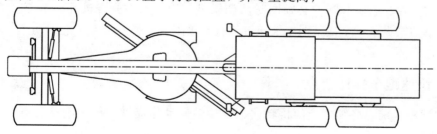

图 4-2 平地机行驶状态图

（5）将推土板和后松土器完全提起（如果用户选装了该部件）；

（6）在发动机怠速运转情况下检查：

①转向：顺、逆时针转动方向盘，方向盘必须灵活，前轮应随之转动；

②制动系统：制动工作压力指示灯不应显示。

4. 对操作人员的素质要求

操作人员必须是经过岗位培训且能力考核合格的熟练工人，操作时应情绪稳定、头脑清醒、反应敏捷。

第二节　平地机操作

一、前桥操作要点

前桥为箱型或板拼焊式结构，为适应不同工况的需求，前轮可进行转向（转向角±45°左右）、倾斜（倾斜角±17°左右）、摆动（摆动角±15°左右），以实现不同的功能需求，在进行这些操作时，平地机还可吸收部分外载荷的冲击。

操纵方向盘往右，即平地机右转向；往左，即平地机左转向。

前桥转向时，如果有必要打倾斜，必须先倾斜±17°，然后再转向±45°，不得先转向后倾斜，这样可有效防止平地机倾斜拉杆的损坏。

二、铰接转向操作要点

前机架可左右转向±25°，平地作业时，应解除铰接转向的拉杆，防止在平地或快速跑车过程中，因转向固定拉杆没解除而导致转向液压缸损坏。当车辆运输时，必须固定好铰接转向拉杆，防止运输过程中机架滑动出现安全事故。

三、摆架回转操作要点

通常情况下，摆架锁定在水平位置，当将铲刀分别摆向左、右竖起时，按下锁销液压缸开关，开关指示灯亮，插销从插销孔中拔出。

操纵铲刀左、右升降液压缸和摆动液压缸，由铲刀从地面得到的反作用力经液压缸传递到摆架上，推动摆架转动，当摆架转到要锁定的位置（摆架上的插销刚好对准该位置的插销孔）时，按下锁销液压缸开关，开关指示灯灭，插销插入插销孔将摆架锁定。

铲刀摆向左、右竖起时，必须同时协调操纵铲刀左、右升降液压缸和铲刀摆动液压缸，不得单独操纵某一个或某两个液压缸运行到极限，而另一个液压缸不动作，这样可能发生干涉，损坏液压缸。

四、快速跑车操作要点

1. 快速跑车前，必须检查前桥转向、铰接转向动作灵敏，行车制动可靠、平稳，喇叭声音洪亮；

2. 为防止可能的安全事故的发生，严禁快速跑车过程中打铰接转向，需要铰接转向时，必须减慢速度；

3. 铲刀必须放置在行驶状态；

4. 转弯时必须鸣笛警示他人；

5. 严禁在狭窄地段高速行驶。

五、平地作业操作要点

1. 平地作业时，应根据土壤结构选择正确的铲刀回转角和铲土角；

2. 为了获得最佳的工作效率，必须选择合适的平地作业速度和后退速度；

3. 开始作业时，调整铲刀与机身中心成一定角度，有利于砂土石或雪往机身两侧排；

4. 平地过程中，一般先把方向盘调整固定好，两手握住左右提升液压缸的操纵杆，眼睛注视铲刀，根据铲刀的吃土深度和地面的平整度，不断地调整铲刀的升降高度；遇小土堆，可用前推土板（已安装的情况下）推，如果地面比较硬，即用后松土器（已安装的情况下）先把土质刨松，然后再用铲刀平整；

5. 砂砾石地面、水泥拌和地面或松软的地面下部可能有树根、石头时，平地过程中要特别小心，如果高速平地，铲刀碰到硬物，机器可能会突然减速，由于惯性的作用，驾驶员有向前运动趋势，故驾驶员应特别注意，防止碰伤；

6. 铲刀左右侧引过程中，如果碰到硬物，必须停止，严禁野蛮操作，顶弯侧引液压缸；

7. 铲刀回转时，必须小心操作，防止铲刀刮坏轮胎、碰坏机架和前桥转向拉杆；

8. 平地机的工作速度较快，人员有可能被铲刀、车轮和机架等刮倒，还可能被挤到其他物体上，导致严重的伤亡事故，因此，应使所有人员远离作业区域；

9. 为避免发动机润滑中断，润滑不足，平地机的工作坡度不得超出表 4-1 中的值，如果超过此值，因为润滑不良，发动机可能发生危险。

平地机工作坡度表 表 4-1

坡度名称	横坡	纵坡	
运行方向	左或右	向前	向后
允许角度	20°	25°	25°

六、除雪操作要点

1. 各轮加装防滑链；

2. 按"冬天操作注意事项"检查机器；

3. 调整除雪铲与机器中心的角度为 15°左右；

4. 检查除雪铲底部浮动结构是否结实可靠；

5. 推雪时，平地机的速度最好控制在 25km/h 左右。

第三节 平地机维护保养

一、日常检查及其内容

1. 日常清洁

为使平地机长期有效地工作，提高工作效率，延长使用寿命，工作后必须每天清洁平地机：

（1）清除铲刀体上部和导杆上的砂砾石、泥土、刀片上黏着的砂石土；

（2）清除回转圈上的砂砾石、泥土；

（3）清除轮胎上的砂石土；

（4）清除前桥架、倾角关节、转向节上的砂砾石、泥土；

（5）清除平衡箱、覆盖件等上的砂土石、灰尘等；

（6）清洁空滤器。

2. 渗漏油排查

（1）检查并排除泵、马达、多路阀、阀体、胶管、法兰等各接头处是否有渗漏；

（2）检查并排除发动机机油、平衡箱与涡轮箱润滑油是否有渗漏；

（3）检查并排除空调管路否有渗漏；

（4）检查发动机的油、气、水管路是否渗漏。

3. 电气线路检查

（1）经常检查线束对接的接插件是否有水、油，应经常保持干净；

（2）检查灯、传感器、喇叭、刹车压力开关等处的接插件及螺母是否紧固可靠；

（3）检查线束是否有短路、开断、破损等情况，应保持线束完好无损；

（4）检查电控柜内接线是否有松动，应保持接线牢靠。

4. 油位、水位检查

（1）检查整机润滑油、燃油及液压油油量并按规定加入新油至规定的油标指示刻度；

（2）检查组合散热器的水位并按规定加入到使用要求。

二、平地机的保养维护及修理周期

1. 定期技术保养

（1）平地机 50h 磨合后的技术保养

在投入使用之前，平地机应进行 50h 试运行，否则不得投入正式使用。50h 磨合运行，按发动机使用说明书中有关规范进行。磨合试运转结束后，须按以下规定进行技术保养：

①重复日常技术保养的全部项目；②检查轮胎气压，检查车轮螺母（用扭力扳手检查：力矩 450N·m）；③更换发动机机油，热车时放尽旧机油，然后注入新机油，经短期运行后检查机油油位是否在规定高度；④检查液压油油位，加液压油至规定量；⑤检查发动机冷却液水位，加冷却液至规定量；⑥平衡箱及液压系统是否有渗漏现象，有则必须消除，并加液压油至规定量；⑦发动机每工作 50h，必须清理空气滤清器一次。

（2）平地机每工作 100h 技术保养

①重复日常技术保养的全部项目；②更换平衡箱的润滑油，热车时放尽旧润滑油，然后注入新润滑油；③清洗机油滤清器；④清洗柴油滤清器；⑤检查进气系统和排气系统的情况，确保接头连接紧固。必要时清洗进气、排气管道；⑥按发动机使用说明书中 100h 技术保养项目进行发动机的保养；⑦检查停车制动系统，必要时进行调节；⑧检查转向机构的连接有无松动，包括转向杆的槽形螺母，有则拧紧；⑨检查铲刀导向间隙，必要时调整；⑩拧紧车轮螺母。

（3）平地机工作 250h 技术保养

①重复 100h 技术保养全部项目；②按发动机使用说明书中 250h 技术保养项目进行发

动机的保养；③清洗燃油箱及管道；④桥架与平衡箱油位检查或加油保养；⑤用压缩空气吹去发电机内的积尘，并检查各部位有无异常，有则排除掉；⑥检查回转圈导向间隙，必要时调整。

（4）平地机每工作 500h 技术保养

①重复 250 小时技术保养全部项目；②按发动机使用说明书中 250h 技术保养项目进行柴油机的保养；③检查轮边制动器衬垫，厚度小于 3mm 时更换；④检查开关、操纵监控装置的电气线路是否正常；如有损坏则需立即修复。

（5）平地机每工作 1000h 及寒冷季节开始以前技术保养

①重复 500h 技术保养全部项目；

②按发动机使用说明书中 500h 技术保养项目进行发动机的保养；

③更换液压油滤清器的滤芯；

④检查风扇传动轴轴承及皮带张紧轮轴承的磨损情况；

⑤在温度低于 5℃时，发动机需给予特别维护：

A. 必须使用冬季燃油并特别注意燃油中的含水量，以免堵塞油路；

B. 冷却系统最好加注防冻液，否则停车后待温度降至 40～50℃时，将冷却水放尽；

C. 在严冬季节和地区，平地机最好不露天停放，否则起动时需将冷却水加热以预热体。

（6）平地机每工作 2000h 技术保养

①重复 1000h 技术保养全部项目；②更换前桥轮毂中的润滑脂，调整前轮轴承间隙；③检查减速平衡箱传动齿轮的轴向间隙，若大于 0.1mm 必须重新调整。

（7）平地机每工作 3000h 技术保养

①重复 1000h 技术保养全部项目；②清洗冷却系统；③清洗机油冷却器；④检查水泵内部水封，运行轴承加注新润滑脂；⑤更换空气滤清器滤芯。

2. 紧固件检查

在最初的 50h 之前时检查紧固度，过后每隔 250h 检查一次，紧固扭矩参考表 4-2 和表 4-3。

紧固扭矩技术规格　　　　　　　　　　　　　表 4-2

公制螺母和螺栓			
螺纹尺寸	标准紧固扭矩值（N·m）	螺纹尺寸	标准紧固扭矩值（N·m）
M6	12±3	M14	160±30
M8	28±7	M16	240±40
M10	55±10	M20	460±60
M12	100±20	M30	1600±200

主要部件上螺栓的紧固扭矩值（N·m）　　　　　　表 4-3

螺栓尺寸	推荐的紧固扭矩值（N·m）
M20 行驶马达固定螺栓	580
M22 轮毂螺栓	550
M24 回转支承固定螺栓	590
M16 行驶马达连接板固定螺栓	295
M72 车轮轴紧固螺母	2300～2800

（1）前后车轮的紧固螺栓；

（2）车轮轴的锁紧螺母；

（3）作业装置的滑板紧固螺栓、张紧螺栓；

（4）发动机及其附件的安装螺栓；

（5）空调、摆架安装螺栓等。

如果有松弛，请用扭矩扳手来检查并紧固螺栓和螺母至图表的扭矩，损坏时应用同等级或更高级的螺栓和螺母进行更换。

（6）备注

①在安装之前确保螺栓和螺母上的螺纹清洁；

②给螺栓和螺母涂上润滑剂，以稳定它们的摩擦系数；

③如果配重的装配螺栓已松弛，及时拧紧；

④要求的紧固扭矩是以 N·m 表示：

例如：1m 长度的扳手紧固螺栓或者螺母时，以 120N 的力量旋转扳手尾端，将产生以下扭矩：1m×120N＝120N·m

以 0.25m 扳手要产生同样的扭矩时：0.25m×y＝120N·m

所需的力量应为：y＝120N·m÷0.25m＝480N

3. 涡轮箱的维护和保养

（1）换油

①为加快排油，摆动铲刀向排油塞一侧倾斜（图 4-3 中序①），并将铲刀支在地上；

②如图 4-3 所示，拆下放油塞（图中序①），让油流入容器中，为加快排油，可同时取下塞（图中序②），待油全部流尽方可装塞，清洗放油塞，换用新密封圈，将塞装上并拧紧；

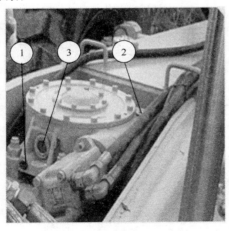

图 4-3　涡轮箱换油

③调整升降液压缸将铲刀放平；

④从加油孔（图中序②）重新加油，使油达到观察孔中位（图中序③）；

⑤清洗塞（图中序②）换用新密封圈，将塞装上并拧紧；

⑥容量：在观察孔中位时，油量约为 2.5L。

（2）油位检查

①铲刀回转涡轮箱应水平放置；

②油位（最高油位）必须在观察孔中间（图 4-3 中序③）；

③需要时，从加油孔（图 4-3 中序②）加油。

4. 作业装置的维护和保养

（1）铲刀回转齿圈的调整

如果径向跳动超过 3mm，轴向间隙超过 2.5mm 时，必须调节回转齿圈滑板；如果是滚盘式齿圈，则不需以上调整。

调整方法：

①滑板的轴向调节

A. 如图 4-4 所示，用塞尺测量齿圈（图中序①）和 4 块滑板（图中序②）之间的轴向间隙，保证间隙为 0.6～0.8mm；

B. 拧下螺母（图中序④）后，取下 4 个滑板增减垫片（图中序③），使间隙符合要求，重新装好滑板。

②回转圈的径向调节

A. 将平地机铲刀提起，使牵引架保持水平位置；

B. 拧松螺母（图中序⑤、④），螺栓（图中序⑥）稍往外拧，使滑板（图中序②）基本处于相对自由状态；回转圈 360°回转 2～3 圈，塞尺测量各滑板与回转圈（图中序①）之间的间隙；

C. 根据测量结果，对称地调整滑板与回转圈之间的配合间隙，调整时必须保证驱动轮与回转圈的齿侧间隙为 1～2mm。将螺栓（图中序⑥）和螺母（图中序④、⑤）稍拧紧些；

D. 再运行回转圈 360°回转 2～3 圈。根据运行状况再次塞尺测量，根据测量结果，对称的调整滑板与回转圈之间的配合间隙，保证驱动轮与回转圈的齿侧间隙为 1～2mm；

E. 重复上述的调整步骤，直到调整到滑板与回转圈之间的配合间隙最小且回转圈运行无卡滞、干涉为止。拧紧螺栓（图中序⑥）和螺母（图中序④、⑤），拧紧力矩为 590N·m。回转试验，回转圈必须能自由旋转 360°。

（2）检查和调整铲刀

如图 4-5 所示，平地机使用一段时间后，由于衬套（图中序①）和导板的磨损，铲刀会出现晃动，如果铲刀的晃动较大，即需更换导板和衬套，更换时需两边同时更换；如果导杆粗糙不平或刮伤，应先使用锉刀等工具修整后再更换导板和衬套，具体操作方法如下：

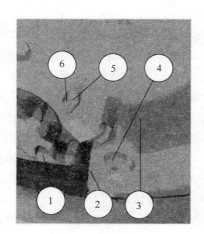

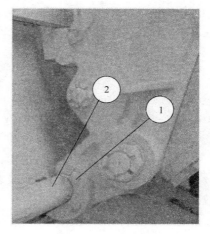

图 4-4　铲刀回转齿圈的调整示意图　　图 4-5　铲刀衬套更换示意图

A. 铲刀两端垫上木头；

B. 将铲刀呈自然状态（轻微受力）放在木头上；

C. 拆下挡板（图中序②）；

D. 滑动铲刀到一端，拆下衬套（图中序①）；

E. 换上新衬套，紧固挡板；

F. 用同样的方法更换另一端的衬套。

（3）更换导板

更换导板按如下方法操作如图 4-6 所示：

①铲刀两端垫上木头，将铲刀呈自然状态（轻微受力）放在木头上；拧松导板紧固螺栓（图中序①）；

②拆下导板（图中序②）换上新导板，用螺栓拧紧；

③用同样的方法更换另一端的导板。

5. 前桥的维护和保养（如图 4-7 所示）

（1）检查前桥在摆动、倾斜、转向极限工况下，是否有卡滞、干涉等现象，如果有，需查明原因并排故；

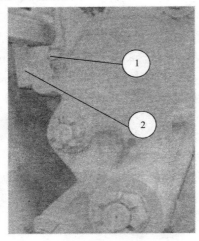

图 4-6　铲刀导板更换示意图

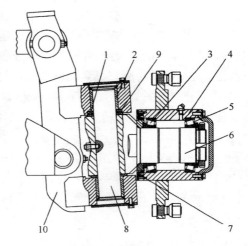

图 4-7　前桥的维护和保养

1—滚子推力轴承；2—铜套；3、5—轮毂轴承；
4—轮毂；6—转向节；7—油封；8—主销；9—调
整垫片；10—车轮倾角关节

（2）注意检查转向拉杆球铰、转向液压缸球铰，适时进行润滑，经过较长时间工作后，检查各螺栓、螺母是否有滑丝、松动等现象，如果有，需查明原因并排故；

（3）按规定期限检查和润滑前桥铜套、前轮倾斜拉杆轴承、转向节轴承、车轮倾角关节轴承；检查球铰防尘套，凡橡胶老化破裂或磨损，均应更换；若行驶中出现异响，应及时查找故障部位并予以排除；

（4）平地机在例行保养过程中，需定期对前桥倾角关节内铜套进行拆卸、清洗，重新加注润滑脂，在加注润滑脂时，经常由于车轮倾角关节孔内压力过大将轴承盖固定螺钉顶松，所以应避免使用高压油枪进行润滑脂的加注，并且应经常检查轴承盖固定螺钉的松紧；在装配铜套时，应用手推进，用铜锤轻轻敲击，避免用铁棒猛烈敲击，以免损坏铜套。

6. 平衡箱及行车制动、停车制动的维护保养

（1）平衡箱的保养

如图 4-8 所示，平衡箱在使用过程中，必须经常检查箱体内润滑油的油位，平地机平放时，油位应处于平衡箱尾部油位指示器（序号 3）的中位和上位之间。

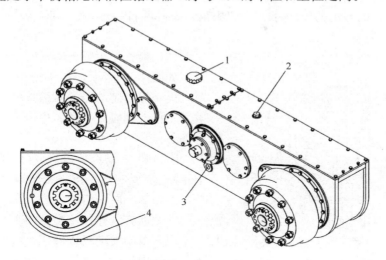

图 4-8 平衡箱润滑示意图

1—透气帽；2—铜套；3—油位指示器；4—放油螺塞

①换油周期。平衡箱首次换油时间为新机工作 100h，以后每工作 1000h，应更换一次润滑油；

②油品及用量。润滑油牌号及用油量以各厂家说明书要求为准；

③换油方法。平衡箱往放油螺塞方向倾斜，拧下放油螺塞（序号 4），把油放入容器，直至放尽；

④重新拧紧螺塞；

⑤拧下平衡箱盖板上的透气帽和加油螺塞（序号 1、2），将新油从加油螺塞安装孔处注入；油位应在油位指示器的中位和上位之间；

⑥装上透气帽和加油螺塞并拧紧。

（2）检查行车制动器制动衬片的磨损

当平地机工作一段时间后，由于制动衬片的磨损，会影响其制动性能，此时需对制动器进行调整，如图 4-9 所示，方法如下：

①用扳手按图示"拧紧"方向（图中所标示的方向为操作者站于平地机外侧，正对制动器）拧紧调整螺栓，直到拧不动，此时，制动蹄的衬片与制动鼓接触；

②然后按"拧松"方向把调整螺栓拧松约 30°，使制动蹄上的衬片与制动鼓磨擦面间的间隙大约为 0.75mm；

③按以上步骤调整另一制动蹄，调整方法相同；

④调整时要 4 个车轮制动器一起调节；

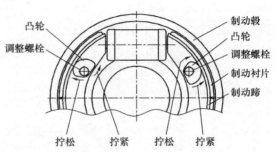

图 4-9 行车制动器制动衬片调整示意图

⑤特别注意：调整螺栓时用力不要太大，否则会损坏凸轮。

注意：为避免制动力的左右不平衡，左右对称侧车轮的制动衬片应同时更换。

更换与制动蹄有关的零件时，四个制动器都应同时进行调整；同一个制动器的两个制动蹄要一起调整。

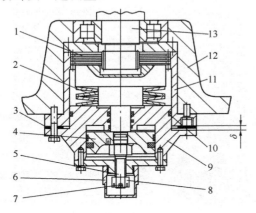

图 4-10　停车制动器调整示意图

1—摩擦片；2—弹簧；3—调整垫片；4—螺栓；5—活塞杆；6—外护套；7—销；8—螺母；9—制动器压盖；10—O 形圈；11—制动器外毂；12—平衡箱箱体；13—传动轴

（3）检查停车制动器摩擦片的磨损

如图 4-10 所示，在平地机使用一段时间后，由于停车制动器的摩擦片磨损，使得制动效果不佳，则应对制动器进行调整，方法和步骤如下：

①将螺栓（序 4）拧松（但不必将螺栓取下来）；根据实际情况的需要，适当减少调整垫片（序 3）的厚度；

②重新拧紧螺栓（序 4）即可。

（4）由于发动机或液压系统的故障造成停车制动器内失压，而导致不能正常解除停车制动时，则可采用手动解除的方法：

①将停车制动器上的外护套（序 6）拧下；

②取出开口销（序 7）；

③拧紧螺母（序 8），使活塞杆被向外拉出 3～4mm，此时停车制动解除。

（5）平衡箱与后桥架（序 1）之间是通过铜套（序 2）来连接的，如图 4-11 所示，采用润滑脂进行润滑。由于平地机在不平的路面行进的过程中，平衡箱可前后摆动，所以，良好的润滑，是延长铜套寿命、保证长期可靠工作的重要条件。

①保养要求。平地机工作期间，必须按要求给后桥架铜套加润滑脂。

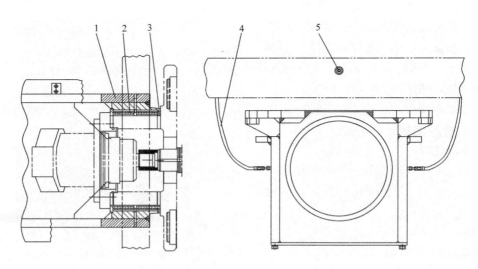

图 4-11　平衡箱桥架铜套保养示意图

1—后桥架；2—铜套；3—铜垫；4—润滑胶管；5—油杯

②保养方法

A. 用油枪将润滑脂加入后机架左右两侧的油杯（序5），直到铜套的两侧有润滑脂溢出为止；

B. 在加润滑脂时，为了保证润滑效果，使润滑脂能均匀地注入，可将平地机铲刀着地，操作铲刀左（右）提升液压缸，将平地机左（右）侧顶起，使左（右）平衡箱上的车轮离地，然后加注润滑脂。

7. 行驶液压系统、作业液压系统、转向液压系统的维护和保养

对液压系统维护应注意以下几点：

（1）对液压系统工作介质的维护

①平地机在开机之前要检查油箱内液压油的油位是否在正常的工作油位，注意保持油位的正常位置；

②检查管路过滤器是否堵塞报警，若过滤器堵塞，要及时更换过滤器滤芯；

③经常检测油箱内的液压油是否有异常现象，如果变白乳化或不清洁等，则需更换；

④经常检查工作介质的工作油温。

（2）对管路的维护

经常检查管路有无渗漏油现象，尤其管接头连接处及阀密封结合面位置，保证管路的清洁，液压系统使用的安全性。

（3）对液压系统压力的检测和维护

经常检测平地机各系统的安全使用压力，如平地机的行驶压力、行驶系统的补油控制压力、作业系统的安全使用压力、制动压力、转向压力等，及时掌握各压力的变化，从而确定液压元件的使用情况。确保平地机使用的安全性，可靠性。

8. 空调的维护和保养

（1）空调系统的日常使用维护

为使空调系统具有良好的技术状态和工作可靠性，发挥其最大工作效率，延长使用寿命，在使用空调时应注意以下几点：

①严格按照生产厂家规定进行保养；

②使用空调时应先启动发动机，待发动机稳定运行几分钟后，打开空调开关，选定合适的风量和制冷度；当制冷度调到最大时，风量也应相应调到最大，以免蒸发器因过冷而结冰；

③在使用取暖或制冷时，必须关闭通风口、车窗和车门，以尽快达到满意的温度，节省能源；

④在不开车窗和车门，只须换气时，可打开制暖开关，但不开热水开关，即不启动压缩机也不供热水；

⑤在制冷时，须将热水阀置于关闭状态，以避免制冷制热同时进行，影响制冷效果；

⑥在发动机停转的情况下，不宜长时间使用空调系统，以免耗尽蓄电池的电能，造成再次启动发动机时产生困难；

⑦在不须使用空调的季节和车辆长期停置时，应每半月启动一次发动机，并运行空调系统制冷，每次运行时间 5～10min。

（2）空调系统的日常保养

①保持冷凝器的清洁，冷凝器的清洁程度与其热交换状况有很大关系，因此应经常检查冷凝器表面有无油污、泥垢，散热片是否弯曲或被阻塞现象。如发现冷凝器表面脏污，应及时用压缩空气或清水清洗干净，以保持冷凝器有良好的散热条件，防止冷凝器因散热不良而造成冷凝器压力和温度过高、制冷能力下降，在清洗冷凝器的过程中，应注意不要将散热片碰倒，更不能损伤制冷管道；

②保持送风通道空气滤清器的清洁；进入驾驶室的空气都要经过空气滤清器的过滤，因此要经常检查滤清器是否被灰尘杂物所堵塞并进行清洁，以保证进风量充足。为防止蒸发器芯的空气通道阻塞，影响送风量，一般每星期检查清理一次内外空气过滤器；

③应定期检查压缩机皮带的使用情况和松紧程度；如皮带松弛应及时张紧，如发现皮带裂口或损坏应采用车用空调专用皮带进行更换；新装的皮带在使用36～48h后会有所伸长，故应重新张紧，张紧力一般为160～200N；

④经常检查制冷系统各管路接头和联结部位、螺栓、螺钉是否有松动现象，是否有与周围机件相磨碰的现象，胶管是否老化，在进出叶子板孔处的隔震胶垫是否脱落或损坏；

⑤在春、秋或冬季不使用冷气的季节里，应每半月启动空调压缩机一次，每次5～10min；这样制冷剂在循环中可把冷冻机油带至系统内的各个部分从而防止系统管路中各密封胶圈、压缩机轴封等因缺油干燥而引起密封不良和制冷剂泄漏，并使压缩机、膨胀阀以及系统内各活动部件动作，不致结胶黏滞或生锈；还要注意的是在进行这项保养时，应在环境温度高于4℃时进行，否则当温度过低时会因冷冻油黏度过大流动性变差，当压缩机启动后不能立即将油带到需要润滑的部位而造成压缩机磨损加剧甚至损坏。

（3）空调系统的定期保养

空调作为重要的一个系统，除了前述由驾驶员进行的一些日常保养和检查工作外，在空调的使用过程中，还应由车用空调的专业维修人员对空调系统做一些必要的定期保养和调整检查工作，才能更好地保证空调的寿命和工作可靠性。空调系统的定期保养和维护项目主要有：

①压缩机的检查和保养：一般是每三年进行一次，主要检查进、排气压力是否符合要求，各紧固件是否松动，是否漏气等；拆开压缩机检查进排气阀片是否有破损和变形现象，如有应修整或更换进排气阀总成；压缩机拆修后必须更换各密封圈和轴封，否则会造成压缩机密封处泄漏；

②冷凝器及其冷却风扇的检查和保养：一般每年进行一次，保养内容主要是彻底清扫或清洗冷凝器表面的杂质、灰尘，用扁嘴钳扶正和修复冷凝器的散热片，仔细检查冷凝器表面是否有异常情况，并用检漏仪检查制冷剂有否泄漏；如防锈涂料脱落，应重新涂刷，以防止生锈穿孔而泄漏；检查冷凝器冷却风扇是否运转正常，检查风扇电动机的电刷是否磨损过量；

③蒸发器的检查和保养：一般应每年用检漏仪进行一次检漏作业，每2～3年应拆开蒸发箱盖，对蒸发器内部进行清扫，清除送风通道内的杂物；

④电磁离合器的检查和保养：每1～2年应检修一次，重点检查其动作是否正常，是否有打滑现象，接合面是否有磨损，离合器轴承是否严重磨损。同时，还必须用塞规检查其电磁离合器间隙是否符合要求；

⑤储液干燥器的更换：在正常使用情况下，一般每3年左右更换一只储液干燥器，如因使用不当使系统进入水分后应及时更换；另外，如系统管路被打开与空气相通时间超过30 min时，一般也应更换储液干燥器。

⑥膨胀阀的保养：一般每1～2年检查一次其动作是否正常，开度大小是否合适，滤网是否被堵塞，如不正常应更换或作适当调整；

⑦制冷系统管路的保养：

A. 管接头：每年检查一次，并用检漏仪检查其密封情况；

B. 配管：检查其是否与其他部件相碰，检查软管是否有老化、裂纹现象，一般每3～5年更换软管。

⑧驱动机构的检查和保养：

A. 压缩机的三角皮带：每使用100h检查一次张紧度和磨损情况，使用3年左右应更换新品；

B. 张紧轮及轴承：每年检查一次，并加注润滑油。

⑨冷冻油的更换：一般每两年左右检查或更换，对于管路有较大泄漏时，应及时检查或补充冷冻油；

⑩安全装置的检查与更换：压力开关、温控装置等关系到空调系统是否能安全、可靠地工作的安全装置，一般应每年检查一次，每五年更换一次。

上述定期检查和保养周期应根据空调运行的具体情况来操作，对于空调使用十分频繁的南方地区，可适当缩短保养周期，而对于北方地区，可适当延长保养周期。

（4）其他事项

①螺栓、螺母等紧固件在使用中应每三个月紧固一次；

②防震隔震胶垫应每年检查其是否老化、变形，如有故障应及时更换；

③管道保温材料应每年检查一次是否老化失效；

④制冷状况的检查应每两年进行一次，一般测量进、出风口温差应在7～10℃。

（5）维护保养周期表（见表4-4）

平地机维护检查表 表4-4

项目	检查维护内容	检查周期
管路接头	检查各接头的锁紧螺母紧固无松动，胶管及接头无制冷剂渗漏油污，各软管和管道无裂纹、老化、变脆、压伤、压扁等损坏现象	每月一次
冷凝器	冷凝器翅片无变形，否则梳理整齐，芯体未被杂物堵塞，否则清理干净	每月一次
	冷凝风机叶片无损坏，且能正常运转	每月一次
蒸发器	清理蒸发器芯体的进出风道内的杂物，检查冷凝水的底部排水管无堵塞，否则清理通畅	每年一次
贮液器	检查压力开关的插接件牢固可靠	每季一次
	空调使用一定时间后更换贮液器	每1000h
制冷剂量	空调运行时从视镜窗察看应只有微量气泡或无气泡，否则应补充制冷剂	每月一次
压缩机	固定安装螺栓牢固无松动	每月一次
	检查压缩机装配合面、主轴旋转轴封等处无制冷剂泄漏油污	每月一次
	检查压缩机皮带的磨损情况，严重时更换	每月一次
	检查皮带张紧情况，张紧力不够时需再张紧	每月一次
	空调未使用季节，启动空调运转几分钟	每周一次

9. 发动机的维护和保养

（1）每日保养内容

柴油机预防性保养，是从每天了解其本身及其系统的工作状态开始，在启动之前，需先进行日常维护保养，检查机油和冷却液面，需寻找可能出现的泄露、松动或损坏的零件、磨损或损坏的皮带以及柴油机出现的任何变化。

①检查机油油面

检查油面高度需在柴油机停车（至少 5min）后使机油充分回流到油底壳后进行，当油面低于低油面记号或高于高油面记号时，绝不允许开动柴油机。

②检查冷却液面

打开散热器或膨胀水箱的加水口盖或液面检查口检查冷却液面。警告：须等柴油机冷却液温度降至 50℃ 以下时，方可拧开散热器加水口盖。柴油机刚停车就立即拧开，带压力的高温水和蒸汽会喷出伤人。在添加冷却液时，要排除冷却系统中的空气。

③检查传动皮带

检查皮带是否有纵横交叉的裂纹。用手检查皮带的张紧度。若皮带磨损或出现材料剥落应予以更换。

④检查冷却风扇

每天都要检查风扇有无裂纹、铆钉松动、叶片松动和弯曲等毛病。应确保风扇安装可靠，必要时拧紧紧固螺栓，更换损坏的风扇。

⑤排除燃油—水分离器中的水和沉淀物

应每天排除油—水分离器（如果有的话）中的水和沉淀物。打开油—水分离器或燃油滤清器底部的阀门，排除水和沉淀物，直到清洁的燃油流出为止，然后再关紧阀门。

⑥注意

若排出的沉淀物过多，应更换油—水分离器，必要时更换所有燃油。以免影响柴油机顺利启动。

（2）每隔 250h 或 3 个月的保养内容

在完成日常保养的基础上，再增加下列保养项目（应根据发动机使用的环境或发动机使用状况适当缩短保养周期，但即使柴油机正在使用中，也无论如何不能将周期延后）：

①更换机油和机油滤清器

柴油机使用后机油会变脏，同时机油添加剂减少，因此需定期更换机油和机油滤清器以清除悬浮在机油中的污染物。

更换步骤：

更换机油应在机油是热的和污染物在悬浮状态时放油，柴油机运转至水温达到 60℃ 时停车，拆下放油螺塞，将机油放净；更换机油滤清器，清除机油滤清器座四周脏物。拆下旋装式机油滤清器。清洗滤清器座 O 形密封圈表面。

注意：安装机油滤清器前，应先用清洁的机油注满其内腔，并在密封圈表面上涂一薄层干净的机油。按机油滤清器厂的说明安装机油滤清器。

滤清器拧得过紧会引起螺纹变形或使密封圈损坏。安装放油螺塞；用清洁的机油注入柴油机至合适的油面高度；启动柴油机在怠速运行，检查机油滤清器和放油螺塞处是否漏油；停车 15min 让机油从上部零件流下，再检查油面高度；如有必要，在添加机油使油面高度达到高油面记号处。

②检查进气系统。检查进气胶管是否有裂纹或穿孔，夹箍是否松动，如发现应予以拧紧或更换，确保进气系统不漏气，否则会造成柴油机损坏。检查步骤：

检查和保养中冷器（如有）：用肉眼检查进气中冷器进出气室是否有裂纹、穿孔或其他损坏。检查中冷器管子、散热片以及焊缝是否开裂、脱焊以及其他的损坏。如果检查发现由于增压器失效或其他的原因造成机油或垃圾进入中冷器，则该中冷器必须从设备上拆下进行清洗（注意：不能用带腐蚀性的清洁剂清洗中冷器，否则会严重损坏中冷器）。

③检查空气滤清器：空气滤清器阻力超过下列数值时，应更换空气滤清器元件：增压和增压中冷机型 6.2kPa；自然吸气机型 5.0kPa（空气滤清器阻力应在柴油机标定工况时检查）；如果空气滤清器装有阻力指示器，应定期检查，若红色标记已上升到检查口位置或出现阻力报警，应更换空气滤清器元件。更换完成后，将报警指示器复原。

注意：绝不允许在不带空气滤清器的情况下开动柴油机，必须滤清进气空气以防止灰尘、垃圾进入柴油机造成柴油机早期磨损。

（3）每隔 500h 或 6 个月的保养内容

在完成日常保养和前一个周期性保养项目的基础上，再增加下列保养项目：

①更换燃油滤清器。将燃油滤清器座周围清理干净。拆下燃油滤清器并擦干净滤清器座的密封表面；将干净的柴油注入新的燃油滤清器，并用清洁的机油润滑橡胶密封圈；按燃油滤清器制造厂的说明书安装燃油滤清器（为防止燃油泄露，必须拧紧燃油滤清器，但不能拧得太紧，否则会损坏燃油滤清器）。

②燃油系统放气。在燃油喷射泵的进油腔装有溢流阀时，如果按上条规定更换燃油滤清器，进入燃油系统的少量空气可以自动地被排出。但出现下列情况时，燃油系统需进行人工排气：

A. 在装燃油滤清器时其内腔未注满柴油；

B. 更换燃油喷射泵；

C. 初始启动或启动后柴油机没有继续运行；

D. 燃油箱中的柴油吸空；

E. 排气步骤：

a. 低压燃油管和燃油滤清器放气：打开燃油滤清器上的放气螺钉，按动手动泵泵油，直到放气螺钉接头流出的柴油没有空气为止，然后再拧紧放气螺钉；

b. 高压燃油管放气：松开喷油器上的高压油管接头螺母，用启动电机转动柴油机，以排放高压油管中的空气，然后再拧紧接头螺母。启动柴油机，逐根排出高压油管中的空气，直到柴油机能稳定运转为止。

③检查防冻液

用冰点仪检查防冻液的浓度。在任何气候条件下，都有必要添加防冻液，因为加入防冻液可提高冷却液的沸点，同时又降低了其凝固点，从而扩大了柴油机运行的范围。防冻液中添加有很多对柴油机有保护作用的元素，可以延长发动机的寿命。如防冻液过少或变质，应予以添加或更换。

（4）每隔 1000h 或 1 年的保养

在完成日常保养和前述的各个周期性保养项目的基础上，再增加下列保养项目：

①调整气门间隙。拆卸气缸盖罩，将盘车工具插入盘车孔并与飞轮齿圈啮合，用手慢慢地转动曲轴寻找第一缸压缩死点位置，用气门间隙塞规按发动机说明书中要求检查和调整气门间隙。检查和调整气门间隙时，柴油机应冷却至60℃以下。在第一缸活塞上死点位置，按说明书中指定步骤检查和调整各气门间隙。拧紧摇臂锁紧螺母后，再复查各气门的间隙，其数值不应有变化。在皮带盘减振器上标记并转动曲轴360°，然后按说明书上所示再检查和调整指定的各气门间隙，拧紧螺母后，再重复检查各气门的间隙，数值不应有变化。重新安装好缸盖罩。

②检查皮带张紧状况。在皮带的最大跨距处测量其挠度，最大挠度不应大于发动机限值（见说明书）。

③检查皮带、张紧轮轴承和风扇传动轴轴承。拆下传动皮带，检查皮带是否损坏；转动张紧轮，检查张紧轮轴承是否异常（张紧轮转动自如，不得有任何卡滞或径向、轴向串动现象）；转动风扇，检查转动轴轴承是否异常（转动风扇不得有振动和过大的轴向串动现象）。再重新安装好传动皮带。

（5）每隔2000h或2年的保养

在完成日常保养和前面的各个周期性保养项目的基础上，再增加下列保养项目：

①清洗冷却系统。由于柴油机经较长时间使用后，防冻液因受热氧化变质成有机酸，对发动机有很大的腐蚀性，防冻液中的沉淀物也会越来越多，从而防腐能力慢慢下降，并且产生的沉淀物会堵塞冷却液流道；此外，随着柴油机使用时间的增长，防冻液中的矿物质浓度慢慢升高，以及渗入冷却液中的机油、废气污染了冷却液，为确保柴油机冷却和防腐效果，必须定期清洗冷却系统，两年更换和清洗一次。

②检查扭振减振器。检查扭振减振器内圈和外圈上的刻线是否移动，若两刻线错位大于1.6mm，则应更换该减振器。检查减振器橡胶元件是否老化。如果发现有碎片状橡胶脱落或橡胶圈低于金属表面距离大于3.2mm，则应更换该减振垫。

（6）其他按表4-5

平地机维修保养内容表　　　　　　　　　　　　　　　　表4-5

零部件	数量	间隔（h）							
		8	50	100	250	500	1000	2000	4000
1. 检查平衡箱内润滑油的油位	—	经常							
2. 更换平衡箱内润滑油	—	每隔1000小时							
3. 检查行车制动器制动衬片的磨损	—	根据需要							
4. 更换行车制动器制动衬片	—	根据需要							
5. 检查停车制动器摩擦片的磨损	—	根据需要							
6. 更换停车制动器摩擦片	1	根据需要							
7. 检查和更换后桥架铜套	2	根据需要							
8. 检查和调整铲刀	1	根据需要							
9. 检查轮胎	—	每天							
10. 检查和更换保险带	—	每隔3年							
11. 检查挡风玻璃洗涤液液位	1	根据需要							

续表

零部件			数量	间隔（h）							
				8	50	100	250	500	1000	2000	4000
12. 检查空调机过滤器	循环空气过滤器	清扫	1		*						
		更换	1	在堵塞严重时							
	新鲜空气过滤器	清扫	1		*						
		更换	1	在清扫过 10 次以上后							
13. 检查空调机			—				*				
14. 检查喷嘴			—							*	
15. 紧固汽缸头螺栓			—	根据需要							
16. 检查并调节阀间隙			—							*	
17. 检查燃油喷射定时			—	根据需要							
18. 测量发动机压缩压力			—								*
19. 检查起动器和交流发电机			—								*
20. 检查螺栓和螺母的紧固扭矩			—				*				

10. 平地机的大中修周期及检查内容

（1）平地机的中修周期

每年的雨季或年底休闲期，须对平地机进行一次中修，具体内容如下：

①外观检查及修复

A. 机罩、前桥、平衡箱、桥架、驾驶室、上车楼梯无明显磕碰变形；

B. 铲刀体无冲撞变形，轮胎无明显的切割、掉块及磨损；

C. 门锁开关自如。

②其余各部检查与修复见表 4-6

平地机中修及其修复检查表　　　　　　　　　　　　　　　　　　表 4-6

序号	检查修复项目		检查修复后的检验标准
1	驾驶与操纵	驾驶室外形	驾驶室不漏雨，无污物
		操纵台	定位准确，无晃动
		操纵手柄	操作动作正常
		仪表	所有信号（灯）与显示正常（工作灯、转向灯、警示灯等），显示的参数和信息准确、可靠
		控制开关	控制开关的控制功能正常
		附属功能	雨刮器、喇叭正常
2	发动机	启动、熄火	启动、熄火性能正常
		排放	无过热、放炮现象，无白、蓝、黑烟
		渗漏	接口和结合面无漏水、漏气、漏油现象
		异响	无异响
3	电气	接线	接线准确合理
		蓄电池	接线柱头性能良好，无损坏、松脱，电解液正常

续表

序号	检查修复项目		检查修复后的检验标准	
4	液压系统	油压（MPa）	行车制动压力	符合说明书的要求
			转向压力（正转/反转）	
			作业泵Ⅰ、Ⅱ压力	
			制动泵压力	
			行驶泵压力	
			蓄能器充液压力	
			补油压力	
			壳体压力	
		液压油缸	液压油缸部件无干涉，紧固良好	
			软管和钢管无油泄漏	
		液压油缸	液压缸部件润滑油嘴无损坏，并加注了黄油	
		管路	管路排列整齐，无扭曲、无泄漏	
		液压油	按 JG/T 5035 的污染度等级，清洁度≤19/16	
		过滤器	无泄漏，堵塞指示器指示在绿色区域	
5	散热器	风扇	冷却风扇旋转标准方向正确	
		管路	管线及软管无干涉、损坏、扭曲，无油、水泄漏	
		散热	管路畅通、散热好	
6	液压油箱	液位计	透明、无油泄漏，液压油处于液位计2/3以上	
		法兰	无渗漏	
		管路、接头	无渗漏	
		清洗孔	无渗漏	
7	转向	前轮	固定好铰接转向，转动方向盘，检验前桥转向；转向应轻便、灵活、平衡、准确、可靠	
		铰接	打正方向盘，松开铰接转向杆，操纵转向液压缸，检验铰接转向；转向应轻便、灵活、平衡、准确、可靠	
		前轮＋铰接	既操纵转向液压缸又转动方向盘，进行两者联合的转向试验；转向应轻便、灵活、平衡、准确、可靠	
8	行车制动	制动次数	制动压力从 9.6～10MPa 降到 8MPa 时，关闭发动机后的有效制动次数：≥5（次）	
		制动距离	≤$V^2/68$	
9	停车制动	停车制动	停15%的坡道：停车可靠，无位移	
		行驶制动	停25%的坡道：停车可靠，无位移	
10	作业装置	铲刀	升降、侧移、引出、切削角调整等无卡滞	
		回转圈与牵引架	滑板与回转圈、回转圈与牵引架之间的间隙基本均匀一致，回转圈回转无卡滞	
		涡轮箱	无渗漏	
		选择件	推土板、松土器等选择件的升降和斗齿叠放等无卡滞	

序号	检查修复项目		检查修复后的检验标准
11	减速平衡箱	噪音、异响	运行无异常噪音、无异常响声
		摆动	无卡滞
		润滑	齿轮、桥架铜套润滑到位
		外观	无渗漏
12	前桥	摆动	无干涉、卡滞
		前轮倾斜	无干涉、卡滞
		球铰	球铰运转自如
13	挡位	挡位选择器	挂相应的挡能得到相应的行驶速度
		运行保护	没解除停车制动，车辆不能运行
14	结构件		检查前机架、后机架、平衡箱、牵引架、回转圈、桥架、推土板、松土器等焊接件是否有裂纹和大的变形
15	轮胎		无锁紧螺栓松脱，漏气，轮胎气压：前 2 轮 0.2（MPa），后 4 轮 0.25（MPa）
16	润滑		各润滑部位润滑到位

（2）平地机的大修周期

平地机工作了 5000h 后，需进行大修，大修内容如下：

①按中修内容进行检查修复；

②对前桥的轴承、球头销、摆动铜套等进行拆检、修复或更换、保养；

③对涡轮箱、铲刀、滑板等进行拆检、修复或更换、保养；

④对平衡箱、桥架铜套等拆检、修复或更换、保养；

⑤更换或修理行驶泵、作业泵、转向泵、行驶马达、回转马达及液压缸的密封件等；清洗阀，更换破损的胶管；

⑥对发动机进行拆检、修复保养，更换磨损严重件；

⑦对电气系统进行检测，对老化和破损不能使用的元器件进行更换；

⑧对液压油箱、燃油箱进行清洗；

⑨对组合散热器进行维护、清洗；

⑩对空调系统进行拆检、修复或更换、保养。

第四节 常见故障的诊断

一、概述

1. 保养不当可能引起的故障

（1）回转圈运行间隙大

工作一段时间后，平地机回转圈的运行间隙大了，是正常现象，需请售后服务人员进行调整，下列情况可导致回转圈的运行间隙大：

平地机工作后，如果没有及时清理回转圈上的砂砾石和泥沙，沙砾石和泥沙就会与润滑脂混合，加剧回转圈的磨损；在此情况下，如果润滑脂慢慢干枯，会造成回转圈回转时阻滞，此时，4块滑板与回转圈的配合间隙就会发生较大变化，间隙不均匀，回转时窜动量大，造成憋齿、卡齿，导致齿形磨损严重或断齿。

如果作业环境恶劣，平地机长期作推土机使用，回转圈得不到正常维护且频繁的带较大的负荷旋转，回转圈齿形也会磨损严重，回转时窜动量大。

图 4-12　回转圈调整示意图
①—回转圈；②—驱动轮；③—滑板

如图 4-12 所示，平地机作业时，由于外载荷的不断冲击，回转圈 1 运行时，撞击滑板 3，滑板 3 的紧固螺栓松动，回转圈 1 与滑板 3 之间的配合间隙增大，当驱动轮 2 驱动回转圈 1 运行时，回转圈 1 出现窜动或卡滞现象，严重时会卡死，造成滑板 3 断裂、回转圈 1 齿形严重磨损或开裂。因此，必须经常检查、调整回转圈 1 与滑板 3 之间的配合间隙。

（2）滑板磨损快

平地机滑板是易损件，平地机工作后，如果没有及时清理回转圈上的砂砾石和泥沙，砂砾石和泥沙就会与润滑脂混合，加剧滑板的磨损，因此，运行 2000h 左右就要更换，给客户造成滑板磨损快的假象；如果能及时清理回转圈上的砂砾石和泥沙、及时调整回转圈与滑板之间的运行间隙，滑板使用寿命会达到 5000h 以上。故营销人员和售后服务人员，一定要培训好客户，严格按使用说明书上的要求，及时维护和保养机器。

（3）平衡箱摆动卡滞异响和偏磨（如图 4-13 所示）

1）平衡箱卡滞并异响

①故障现象：平地机使用一段时间后，平衡箱摆动不灵活，有时出现响声。

②原因分析：

A. 铜套的外环槽堵塞或润滑脂加注孔刚好与润滑孔对中，造成加注的润滑脂往铜套两端走，致使平衡箱与桥架的配合面干摩擦而发生异响；

B．没有及时加注润滑脂。

③排除方法：

A. 如果铜套已磨损严重，即需更换铜套，并及时加注干净的润滑脂；

B. 如果铜套磨损不严重，即对铜套进行清理，并及时加注干净的润滑脂。

2）桥架铜套和垫圈偏磨，造成平衡箱与机架干涉

①故障现象：平地机使用一段时间后，平衡箱与桥架连接处的铜套和垫圈偏磨，造成平衡箱摆动时与机架干涉。

②原因分析：

A. 平衡箱摆动时，箱体上的安装圆台与铜套之间产生相对的转动，存在磨损现象；

B. 未按要求及时加注润滑脂，导致相对转动的配合面间的润滑不良，加速铜套的磨损；

C. 配合面载荷分布不均，产生偏磨现象；当铜套磨损偏大时，配合面间的间隙过大，平衡箱顶部向内偏摆，与后机架干涉。

③排除方法

A. 更换铜套及垫圈；B. 按要求每天对后桥架铜套加注干净的润滑脂；

3）更换铜套方法和步骤

如果因铜套磨损，导致平衡箱左右摆动严重，甚至平衡箱顶部与后机架发生干涉，则应更换铜套（序3）和垫圈（序6）。所需配件：铜套（序3）、垫圈（序6）、O形圈（序10、11）。

①铜套的拆除方法：

A. 支撑后桥架。用千斤顶将平地机后桥架（序5）顶起，使平地机上将要更换铜套一侧的车轮离地，然后用枕木或其他可靠的垫块垫于平地机后桥架底部。

B. 拆除平衡箱制动毂上的车轮；

C. 断开液压管路及电气线路：

a. 拆液压管路，将平衡箱和液压马达上的液压管从接头处断开，用干净的堵头将各管路的接口处堵住、密封好，由于马达的回油胶管与油箱直通，所以该处的胶管口必须堵好，以免液压油大量泄漏；

b. 拔出液压马达电磁阀上的电线插头，并包扎好。

D. 拆除液压马达。拧出液压马达的安装螺钉（序8），将液压马达（序9）往外取出；

E. 拧出连接板（序7）的安装螺钉（序12），将连接板和铜垫（序6）取出；

F. 拆除平衡箱。用起重设备将平衡箱吊起，同时往外侧缓缓移动，将平衡箱与后桥架分离；

G. 用铜棒将已损坏的铜套从后桥架的内侧向外敲出来，注意，不得损坏后桥架上与铜套配合的内孔表面。

②铜套的安装方法：安装方法与拆卸的顺序正好相反。

A. 清洗零件。清理已拆下的且需重新装配的各零件表面的泥沙或油污；清除装配或运动表面的毛刺。

B. 安装铜套

a. 在待装配的铜套外圆及后桥架内孔表面（图中A处）涂抹少许润滑脂；

b. 将铜套压入后桥架内，装配后应保证铜套与后桥架端面（图中B处）贴合紧密。

C. 安装平衡箱。将润滑脂涂于铜套内孔及平衡箱上与铜套相配的外圆表面，将平衡箱吊起，缓慢装入后桥架中。

D. 铜垫的安装。在铜垫的两端面上涂抹适量的润滑脂，按图将铜垫安装好，

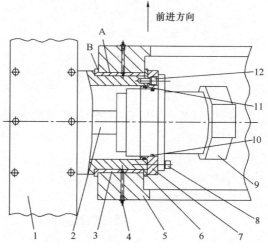

图4-13 平衡箱桥架铜套装配图

1—平衡箱；2—花键轴；3—铜套；4—黄油嘴；5—桥架；
6—垫圈；7—连接板；8—螺栓；
9—行驶马达；10、11—O形圈；12—螺钉

注意铜垫的安装方向：铜垫上有 8 个油槽的端面应朝向液压马达；

　　E. 连接板的安装

　　a. 更换连接板上的 O 形圈（序 11），并在 O 形圈上涂抹适量润滑脂；

　　b. 按图将连接板装好，注意不得将 O 形圈损坏；用螺钉（序 12）紧固连接板，拧紧力矩为 295N·m。

　　F. 马达的装配

　　a. 更换液压马达上的 O 形圈（序 10），并在 O 形圈和马达输出轴花键上涂抹适量润滑脂，按图将液压马达装好；安装时，可轻轻摇动马达，以便使马达的外花键插入平衡箱上齿轮轴（序 2）的内花键内，同时，注意不得将 O 形圈损坏；

　　b. 用螺钉（序 8）紧固液压马达。

　　G. 管（线）路连接。将各液压管路及电气线路按原装配关系连接好；

　　H. 加润滑脂。按维护保养要求加注润滑脂；

　　I. 车轮安装。将车轮重新装好，车轮螺母拧紧。

2. 操作不当可能引起的故障

（1）前桥转向拉杆弯曲（如图 4-14 所示）

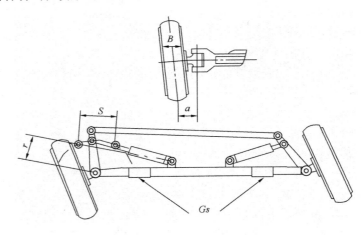

图 4-14　前桥转向

　　①故障现象。前桥转向拉杆朝前或向上弯曲；

　　②原因分析。平地机铲刀在做 360°回转时，如果操作不当，就会引起铲刀刮伤轮胎、顶弯前桥转向拉杆；

　　③预防方法。操作铲刀在做 360°回转时，千万要小心，过轮胎和前桥。

　　（2）升降液压缸弯曲

　　①故障现象。铲刀升降液压缸弯曲；

　　②原因分析。平地机在用汽车拖运过程中，用铲刀支撑，运输过程中，由于上下震动，铲刀升降液压缸不断受外力冲击，造成活塞杆弯曲；

　　③预防方法。平地机在用汽车拖运过程时，铲刀必须放下并在其下部垫枕木或橡胶。

3. 正常损耗与故障的判别

（1）铲刀片磨损严重

1) 故障现象：铲刀片使用了 100h 左右，刀片磨损严重。

2) 原因分析：铲刀片的使用寿命与使用时的工况有关，如果平地机是在砂砾石或水泥地上使用，因刀片摩擦发热严重，故磨损快，只能使用 100h 左右；如果平地机是在 Ⅱ 级土壤上使用，即平地机的刀片可使用到 800h 左右。

（2）轮胎刮伤和磨损严重

1) 故障现象：平地机使用了 500h 左右，轮胎磨损严重，部分地方开裂、脱块。

2) 原因分析：平地机在凹凸不平的砂砾石或水泥地上使用，由于尖石及可能的铁片、铁钉作用，给轮胎造成很大的损伤。

3) 排除方法

①平地机工作前，清理路基表面的尖石及可能的铁片、铁钉；

②更换轮胎，步骤如下：

A. 换车轮之前，要按下制动器；

B. 顶起平地机之前，要先把轮辋螺母松开约一圈；

C. 为了更换后轮，可以把平地机一侧靠液压撑起，为此，要把铲刀的端角置于必须支起的平衡箱车轮的前面，然后用所要更换车轮的那一侧的升降液压缸把平地机支撑起来；

D. 用推土板或铲刀撑地，可以使前轮支起；

E. 拧松轮辋螺母，拆去车轮。

特别注意：

①拆卸车轮之前，必须把平地机稳固地支撑好；

②在拆装车轮的时候，一定不要损伤轮辋螺栓的螺纹；

③装上车轮之后，要对称交叉地拧紧轮辋螺母；

④在每个车轮更换以后的 100 工作小时之内，轮辋螺母都要每天重新拧紧，规定的拧紧力矩为 550N·m；

⑤轮胎花纹的方向。装轮胎时要注意胎面花纹的方向，建议驱动轮的轮胎花纹要按照图示的方向安装，这样可以使其在行驶的前进方向（如图 4-15 箭头所示）得到最大的牵引力；非驱动的前轮的花纹方向要与后轮相反。

二、机械系统常见故障的诊断与排除

1. 蜗轮箱渗漏油

（1）故障现象

平地机使用一段时间后，从蜗轮箱驱动轮齿处渗漏油。

（2）原因分析

1) 涡轮蜗杆转动时相对滑动磨损产生的铜屑沉积至密封圈处，损坏密封圈造成渗漏油；

2) 骨架密封圈本身有质量问题；

3) 蜗轮箱装配时，内部没有清洗干净，存在铁屑，运行一段时间后，骨架密封圈损坏漏油。

图 4-15　轮胎花纹方向示意图

（3）排除方法

1）将涡轮箱拆下，更换密封圈；

2）涡轮箱更换时的钻孔、调整工艺如下：安装好涡轮箱后调整回转圈与滑板之间的间隙及轮齿配合之间的间隙。

2. 驱动轮齿或回转圈故障

（1）故障现象

平地机蜗轮箱在使用一段时间后，其驱动轮有一轮齿从根部折断，或回转齿圈齿折断，或齿圈开裂，或齿面磨损严重；

（2）原因分析

1）涡轮箱驱动轮使用的材质不符合图纸要求；

2）火焰切割齿圈时，机床的精度只能精确到 1 位，切割后，由于累积误差，造成割出的最后 1 个齿的齿厚比其他齿厚大 1.2～2mm，焊接、安装时，如果这个齿安装在经常配合的部位，容易形成卡齿，外载荷冲击下回转憋断驱动轮齿或回转圈齿；

3）火焰切割时，操作工操作时存在齿顶圆与气割模板定心面不同心的现象，相差较大时，回转圈工作时，摆动较大，当铲刀侧引到一边高速作业时，受到大载荷冲击，憋断驱动轮齿或回转圈齿；

4）在回转圈组焊时，由于焊接变形，焊后齿圈呈椭圆形，有时其长短轴之差最大时可达 6mm 左右，回转圈工作时，摆动较大，当铲刀侧引到一边高速作业时，受到大载荷冲击，憋断驱动轮齿或回转圈齿；

5）涡轮箱驱动轮齿淬火时存在微裂纹，工作时疲劳损坏；

6）回转圈齿形材质不合标准。如要求 HG70，而外协厂家擅自使用 45# 钢代替，由于 45# 钢焊接性能差、耐磨性能差，故工作时焊接处产生疲劳裂纹，齿面磨损严重。

（3）整改措施及排除方法

1）严格控制外协质量，要求供应商提供的涡轮箱驱动轮材质必须符合要求；

2）加强对火焰切割工的培训，操作时，割嘴先行用气割模板定心，然后再用割嘴沿齿顶圆毛坯圆周模拟走一遍，作到定心准确；对最后 1～2 个齿沿齿廓方向进行打磨，使其与其他齿形基本均匀一致，并对其作好标记，在焊接时放在不经常工作区域；

3）改进焊接工装，焊接齿圈时，必须利用工装防止其变形；

4）装配时，要控制好回转圈的运行间隙；以齿圈的短轴刚好顺利通过滑板、回转圈回转时不发生干涉为准；

5）在工作现场如果驱动轮齿或回转圈齿折断、磨损严重时，必须予以更换，安装好后调整回转圈与滑板之间的间隙及轮齿配合之间的间隙。

3. 前轮转向液压缸弯曲

（1）故障现象

前轮转向到极限位置后再倾斜到极限位置时，前轮转向液压缸弯曲。

（2）原因分析

前轮转向液压缸的球铰连接支点与车轮的中心不在一个水平面上，因此，当平地机转向打到极限后再倾斜时，两转向液压缸的活塞杆一个伸长 4mm 左右、一个压缩 4mm 左右，当受压缩的活塞杆承受的外力大于其极限时，活塞杆弯曲。

（3）排除方法

当平地机需要转向和倾斜的操作时，要求先倾斜后转向。

4. 制动毂与制动器接合面漏油

（1）故障现象

如图 4-16 所示，平地机运行一段时间后，有润滑油从轮毂处渗漏出来；制动鼓与制动器接合面（图 4-17 所示 A 处）漏油。

（2）原因分析

该处漏油有两种可能，一是轴承端盖（图 4-16 序 2）上的密封圈（图 4-16 序 3）损坏，平衡箱中的齿轮油渗出；二是行车制动器制动分泵上的密封件损坏，渗漏液压油。

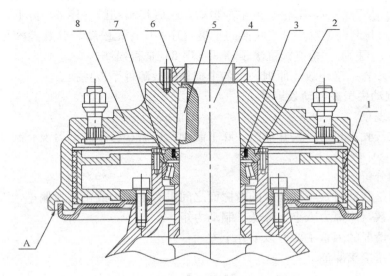

图 4-16 制动鼓渗漏油说明图

1—制动器；2—轴承盖；3—密封圈；4—车轮轴；5—平键；6—锁紧螺母；

7—圆锥滚子轴承；8—制动鼓

（3）排除方法

对于上述故障现象，可先从漏油的多少进行初步判断。平地机工作时，如果在使用行车制动的情况下，有较多的油液从 A 处漏出，甚至成滴，则可判断为制动分泵的密封圈损坏；如果漏油较少，则两种情况均有可能，需进一步检查。

将轮胎拆除，用随机配带的制动鼓拆卸工具（拉马）将制动鼓拆下，检查轴承端盖密封处和制动分泵是否漏油，根据实际情况，将损坏的密封圈（图 4-17 序 3）或制动分泵内的密封圈予以更换。

更换制动分泵内的密封圈后，应按要求重新调整制动器的间隙；更换密封圈（图 4-17 序 3）时，用调整垫将轴承的轴向游隙调整为 0.1～0.2mm。更换密封圈前，检查与密封圈唇口的各个配合面是否光滑，有无毛刺；更换密封圈时，应注意密封圈的唇口朝里。

注意：制动鼓拆除后，不可踩动行车制动踏板，否则会损坏制动分泵及回位拉簧。

5. 驱动车轮异响

（1）故障现象：平地机行驶时，随着驱动轮的转动，制动鼓与车轮轴连接部位有异响。

（2）原因分析：该异响故障原因有两个：

如图 4-15 所示，车轮轴（序 4）轴端的锁紧螺母（序 6）松动，车轮轴（序 4）的外锥面与制动鼓（序 8）的内锥面间过盈配合松动，产生间隙，导致车轮定位不准确，左右摆动；同时，联接车轮轴与制动鼓之间的平键（序 5）松动，从而导致各接触面间存在相互摩擦和挤压现象，产生异响；车轮轴外侧的轴承（序 7）损坏，产生异响。

（3）排除方法：将平衡箱垫起，使存在异响的车轮离地，检查锁紧制动鼓（序 4）的大螺母（序 5）是否松动，车轮是否左右摆动。然后将制动鼓（序 4）拆下，进一步检查车轮轴（序 6）与制动鼓（序 4）联接的平键（序 7）有无松动，键及键槽是否损坏；将轴承端盖（序 2）拆下，检查圆锥滚子轴承（序 8）是否损坏。

根据上述步骤，确定故障原因，将各个损坏的故障件予以更换。

6. 行车制动失灵或制动效果差

（1）故障现象

平地机在行驶进程中，松开油门，踩下制动踏板后，行车制动器没有制动效果或制动效果差。

（2）原因分析

故障原因是制动衬片与制动鼓的摩擦面之间没有正压力或正压力偏小，因油液泄漏而降低了摩擦系数，摩擦力减小，降低了制动力矩。

造成上述情况的因素主要有以下几个方面：

①制动管路接头漏油；

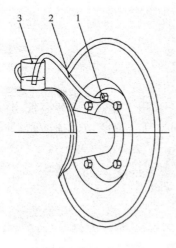

图 4-17　行车制动液压系统
放气示意图
1—放气螺栓；2—软管；
3—容器

②制动液压管路中有空气；

③制动衬片磨损，制动鼓与衬片的间隙过大；

④制动器上的制动分泵漏油，活塞顶出力小；

⑤轴承端盖上的密封圈损坏，平衡箱中的齿轮油泄漏，降低了制动衬片与制动鼓间的摩擦系数。

（3）排除方法

根据上述的故障原因分析，在液压系统行车制动压力正常的情况下，按下列方法进行逐项排查：

1）检查制动管路各接头，拧紧漏油的接头或更换密封件；

2）排除行车制动液压管路的空气，按下列步骤操作（如图 4-17 所示）：

①取下放气螺栓上（序 1）的胶帽；

②将软管（序 2）的一端接到放气螺栓（序 1）上，另一端置于一个清洁的容器（序 3）里；

③拧松放气螺栓（序 1）半圈，并踩下制动踏板。当

有油从放气嘴流出，无空气排出时，立即拧紧放气螺栓，松开踏板。

3）在排除以上故障后，如行车制动故障仍未解决，则应调整制动鼓与衬片的间隙，检查制动衬片的磨损情况，如果制动衬片的剩余厚度不足 3mm，则应更换。

7. 停车制动器失灵或制动效果差

（1）故障现象

平地机使用较长时间后，停在一定的坡上，按下停车制动器，车辆有缓慢滑动或滑动较快，检查停车制动器的液压管路和电气线路都很正常。

（2）原因分析（如图 4-18 所示）

停车制动器中作用于摩擦片上的正压力小，摩擦片间的摩擦力偏小，使得制动力矩小于设计值。产生上述故障的因素有：

碟形弹簧（序 2）的预压缩量不够，导致作用于摩擦片（序 1）上的正压力小。

摩擦片的磨损超出了其磨损极限，无法通过取消调整垫片（序 3）来增加碟形弹簧（序 2）的预压缩量，增加其预压力。

（3）排除方法

在停车制动液压系统正常的情况下，针对以上故障因素，按下列步骤逐一进行排查：

松开螺栓（序 4），取掉适当数量的调整垫片（序 3），重新拧紧螺栓（序 4），此时，碟形弹簧增加的预压缩量等于去掉的调整垫片的厚度值，排除故障。

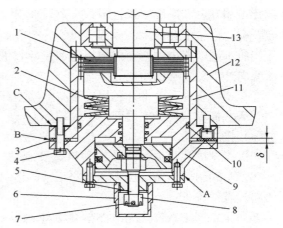

图 4-18 停车制动器装配图

1—摩擦片；2—碟形弹簧；3—调整垫片；4—螺栓；5—活塞杆；6—外护套；7—销；8—螺母；9—制动器压盖；10—O 形圈；11—制动器外壳；12—平衡箱箱体；13—传动轴

如果垫片（序 3）全部去掉后，故障仍没有排除，则说明摩擦片的磨损已超出了其磨损极限，应将所有的摩擦片予以更换。

注意：减少摩擦片及更换摩擦片后，应按要求重新调整碟形弹簧的预压缩量和活塞杆的行程，保证在满足制动力矩的前提下，活塞杆的行程不小于 3.5mm。

更换停车制动器的摩擦片，步骤如下：

①拧出螺栓（序 4）；

②将停车制动器组件（序 2、5、6、7、8、9、10）及摩擦片（序 1）取出；

③清除制动器外壳（序 11）内及制动器上的油污；

④将新的摩擦片按"外齿片—内齿片—外齿片—内齿片"的顺序依次装入制动器外壳及齿轮轴（序 13）上；

⑤更换制动器上的 O 形圈（序 10），安装时在 O 形圈上涂抹适量的润滑脂；

⑥将制动器组件重新装入（此时先不装调整垫片序 3），并用螺栓（序 4）拧紧，消除摩擦片及活塞杆（序 5）各接触面间的间隙，然后再松开螺栓（序 4）直到不受拉力为止；

⑦测量制动器压盖（序9）与制动器外毂（序11）安装面间的间隙δ；

⑧装配调整垫片（序3），垫片的总厚度为δ－（2～2.5）mm；

⑨调整好后，拧紧螺栓（序4）即可。

注意：停车制动器作为紧急制动后，应检查停车制动器的摩擦片是否损坏，如果损坏，也要按上述要求进行调整。

8. 停车制动器发热或抱死

（1）故障现象

平地机行驶时，停车制动器温度高，甚至在未使用行车制动的情况下，平地机突然制动。

（2）原因分析

根据停车制动器的结构图分析，由于活塞杆（图4-18序5）的活动行程小于规定值，摩擦片1相互分离间隙小或根本未分离，使得动片与静片在相对运动时摩擦发热，并导致相互咬合，产生上述故障的原因有以下几个方面：

①停车制动器内的密封件损坏漏油，导致液压缸泄压，不足以克服碟形弹簧的压力，将活塞向外推动足够的距离；

②受调整垫片和摩擦片的厚度影响，活塞杆（序5）的活动行程过短；

③活塞杆5与螺母8之间的螺纹损坏。

（3）排除方法

如果因摩擦片咬合而导致平地机突然制动，此时只有将摩擦片取出，平地机才能移动。在停车制动液压系统压力和管路正常的情况下，针对上述几种不同的故障因素，采取不同的排查处理方式：

①第1条的排查方法见"停车制动器失灵或制动效果差"；

②检查活塞杆行程，将套（序6）拧下，启动发动机，操作停车制动按钮，解除停车制动，此时，压力油将活塞杆（序5）向外推出，测量活塞杆的行程，如果行程小于3.5mm，则增加调整垫片（序3），使活塞杆行程大于3.5mm；调整后，将平地机停于9°的斜坡上，只使用停车制动器，平地机应不会有滑移。如果产生滑移，则制动力矩不够，说明摩擦片已磨损严重，应更换摩擦片；

③将盖板拆下，检查活塞杆（序5）与螺母（序8）的螺纹是否损坏。如发现螺纹损坏，则更换活塞杆和螺母。

注意：在更换停车制动器上的零件后，应重新对垫片（序3）的厚度进行调整。

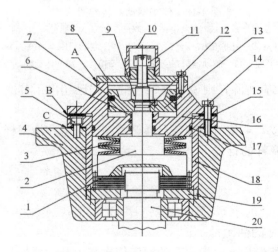

图4-19　停车制动器装配图

1—摩擦片；2—活塞杆；3—碟簧；4—平衡箱体；5—螺栓；6—密封圈；7—O形密封圈；8—箱盖；9—螺母；10—外护套；11—防松螺母；12—O形密封圈；13—活塞；14—螺栓；15—调整垫片；16—制动器压盖；17—密封圈；18—制动器外毂；19—轴承盖；20—传动轴

9. 停车制动器漏油（图4-19所示）

（1）故障现象

油液从停车制动器的 A、B、C 三个部位渗出。

（2）原因分析

如果 A 处漏油，则密封圈 7 或 O 形圈 12 损坏，渗漏液压油；如果 B 处漏油，是由于 O 形圈 17 损坏所致，渗漏齿轮油；如果 C 处漏油，则该处的密封纸垫损坏，渗漏齿轮油。

（3）排除方法

对于 A 处漏油的情况，依次将罩 10、螺母 11、盖 8 拆下，将压盖 16 内腔和活塞 13 端面的油液擦干净，然后启动发动机，操纵停车制动器动作多次，观察油液渗漏情况。

如果油液从压盖 16 与活塞 13 的配合面间渗出，则说明密封圈 7 损坏；如果油液从活塞 13 与活塞杆 2 的配合面间渗出，则说明 O 形圈 12 损坏。

如果渗漏不明显，则上述的方法也难判断出是密封圈 7 还是 O 形圈 12 损坏，需进一步检查。拧下螺栓 14 将停车制动器拆下，取出活塞 13，仔细检查密封圈 6 和 O 形圈 7 的密封面损坏情况，并将损坏件进行更换。

装配前，应先检查各零件上与密封件配合的表面，清除造成密封件损坏的毛刺或异物。

如果 B 处漏油，则更换 O 形圈 17，装配前先清除造成 O 形圈损坏的明显因素。对于 C 处漏油，则应拧下螺栓 14 和 5，将制动器包括制动器外鼓 18 拆下，更换制动器外鼓 18 与平衡箱体 4 之间的密封纸垫。更换纸垫付时，应先去除旧纸垫，新纸垫涂上密封胶。

10. 行车制动器温度高

（1）故障现象

平地机行驶时，在未使用行车制动或很少使用行车制动的情况下，制动鼓发热，温度很高。图 4-20 所示为行车制动器配置图。

（2）原因分析

由于制动衬片与制动鼓之间无间隙或间隙很小，平地机行驶时，制动鼓与制动衬片之间始终处于接触摩擦状态，导致制动器发热，温度升高。造成制动鼓与制动衬片之间间隙小的因素有三个：

①制动鼓与制动衬片间的间隙未按要求调整好；

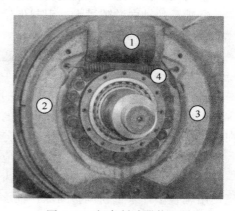

图 4-20 行车制动器装配图
①—制动液压缸；②，③—制动蹄片；
④—回位弹簧

②行车制动液压管路或阀堵塞，阀芯卡滞，导致制动分泵的活塞不能往回收缩；

③制动器上的回位弹簧损坏，不能将两个张开的制动蹄收回。

（3）排除方法

根据以上的原因分析，对故障进行逐一排查：

①第 1 条按"行车制动失灵或制动效果差"中规定的方法调整制动鼓与制动衬片间的间隙；

②检查并排除行车制动液压管路或阀堵塞，液压阀的阀芯的卡滞等故障；

③检查制动器上的回位弹簧，如果弹簧损坏，则将其更换。

11. 平衡箱铜套磨损严重

（1）故障现象：平地机在通过不平坦的路面时，随着平衡箱的前后摆动，后桥架与平衡箱连接处的有异响。严重时，左右平衡箱分别向平地机内侧倾斜，呈"八"字形，平衡箱的上盖板与后机架干涉。

（2）原因分析：因后桥架与平衡箱连接处的铜套润滑不够，滑动轴承的铜套与轴相对转动时存在干摩擦现象，产生异响。

同时，由于铜套的磨损，使得套与轴之间的间隙增大，轴在套内可以轴向摆动，导致左右平衡箱的上部向机身内侧倾斜，呈"八"字形，且铜套外端面的上部磨损严重。

（3）排除方法：铜套工作有异响时，应立即加注足够的润滑脂。为增加润滑效果，可将铲刀体着地，操作左（右）侧的铲刀提升液压缸将平地机左（右）边顶起，使左（右）侧平衡箱上的车轮离地，然后从后机架上的黄油嘴处加注润滑脂。如铜套磨损严重，导致平衡箱左右摆动，甚至与后机架发生干涉，则应更换铜套和铜垫。

注意：平衡箱铜套的加脂周期为每天一次。

12. 平衡箱噪声大

（1）故障现象平地机行驶时，平衡箱运行噪声大。

（2）原因分析

平衡箱噪声大的原因主要有发下几个方面：

①齿轮磨损严重，影响齿轮副的运动精度；

②轴承的轴向游隙过大，引起齿轮运动时左右窜动；

③平衡箱内轴承损坏；

④平衡箱内齿轮齿面有划痕或磕碰伤。

（3）排除方法

打开平衡箱盖板，对齿轮和轴承的轴向游隙进行检查。

①齿轮过度磨损情况：工作齿面的材料大量磨损掉，齿厚明显减薄，齿廓形状破坏，在有效工作面与工作齿面的不接触部分交界处出现明显磨损台阶。

如果齿轮齿面出现上述情况，则应更换齿轮。

②沿轴线方向左右扳动齿轮，如齿轮有左右晃动现象，则表明轴承的轴向游隙过大，应使用调整垫片来重新调整间隙，轴承的轴向间隙为 $0.1\sim0.2$mm。

③方法一：连续行车时间大于 30 分钟，手摸平衡箱轴承盖处，检查是否存在局部温度过高现象，若存在，说明此处轴承烧坏。

方法二：打开平衡箱上盖板，让平衡箱四个轮胎悬空，启动平地机，直接判断异响来源。

④在平坦路面上行车，根据轮胎转一圈异响次数判断出哪根轴上齿轮啮合产生异响。轮胎转一圈，若响声为 1 次，则为车轮轴上齿轮故障。响声为 $3\sim4$ 次，则为倒数第二根轴上齿轮故障。响声为 $6\sim8$ 次，则为二级齿轮故障。大于 8 次为与马达连接的输入齿轮轴故障。

13. 齿轮油乳化

（1）故障现象

平地机使用一段时间后，其齿轮油出现颜色变深变混，表现为黏稠的絮状液体，且拌有明显的金属磨粒、杂质和油泥。以上现象说明齿轮油发生乳化。

（2）原因分析

齿轮油发生乳化主要有以下原因造成：

①齿轮油本身含有水分，且质量较差；

②平衡箱保养和排故过程中操作不当导致水进入箱体内；

③平衡箱盖板密封性差、透气帽和加油螺塞未拧紧，使水进入箱体内；

④齿轮箱盖板上堆积尘土过多，其高度超过透气帽，下雨或洗车时水容易进入透气帽。

（3）排除方法

①确认箱体内齿轮油是否符合标准，若不是，请及时更换；

②检查盖板周围及安装螺钉附近是否有油迹存在，若存在，说明盖板密封性差，请重新涂胶密封，并拧紧螺栓；

③检查盖板上方透气帽及加油螺塞是否拧紧，组合密封垫圈是否损坏。若存在以上现象，请及时更换组合密封垫圈并拧紧螺塞和透气帽；

④及时清理盖板上堆积的尘土和沙子。

三、液压系统常见故障的诊断与排除

1. 平地机液压油的检测与使用要求

平地机液压油一般根据地区气温不同选用 68# 和 46# 抗磨液压油，气温偏高的地区选用高号的液压油，气温偏低的地区要选用低号的液压油，有特殊要求的应采用特殊的措施。液压油的选用及使用如图 4-21 所示。

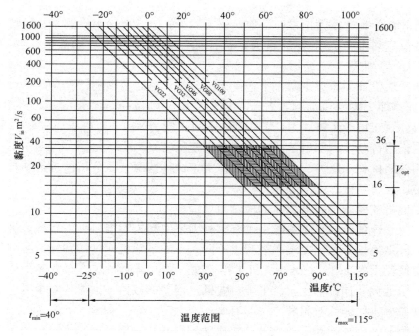

图 4-21　液压油适用图

（1）平地机液压油最佳使用黏度范围是 16～36cSt；

（2）平地机清洁度等级不得低于按 NAS1638 标准 9 级；

（3）液压油的污染度的检测一般有仪器检测和经验分析方法；

（4）仪器检测可分为：油液污染度检测仪直接检测法和试验室过滤分析法；

（5）经验分析法是在没有仪器情况下，现场通过对油液的观察，感觉进行分析，首先观察油液是否清澈透明，油液里有无悬浮物气泡等，用手感觉油液的黏性如何。如果油液混浊，有悬浮物有的甚至变乳白，说明油液已被污染，就要更换液压油了。

2. 平地机故障检测常用工具

检测平地机液压系统故障常用的工具有：压力表（0～4MPa），压力表（0～25MPa），压力表（0～60MPa），测压软管（L=3m）2 根，电器万用表，常用内六角扳手 1 套，常用扳手，封堵马达和行驶泵出口的堵片等。

3. 行驶液压系统常见故障的诊断与排除

（1）平地机无法行驶故障的检测与判断及相应的处理方法

以静液压平地机为例，导致静液压平地机无法行走的原因很多，比如马达的损坏，行驶泵的损坏，补油压力太低，行驶泵电磁换向阀损坏，机械方面的原因等。

静液压平地机就要从测量压力入手，首先要测量的是补油压力，如三一全液压平地机的补油压力通常应≥2.5MPa，如果补油压力很低，小于 1.5MPa 时，无法使行驶泵变量，没有液压油输出，平地机就无法行驶。

造成补油压力低的原因有行驶泵的补油泵损坏，马达损坏等常见的因素，查出是哪一个部件损坏就要用排除的方法，用盲板封堵泵的各出油口，启动发动机，测量系统补油压力，若补油压力仍然很低，说明行驶泵的补油泵损坏，就要更换行驶泵或行驶泵的补油泵了。

如果行驶泵的补油压力正常，平地机仍无法行驶，就要逐个检测左右行驶马达。首先打开一边的马达油口，测量补油压力，若补油压力低说明该马达故障，要更换该行驶马达。

若检测平地机补油压力正常，平地机无法行驶，这时要检测行驶泵的出口压力（即行驶压力），挂挡加大发动机油门，若行驶压力太低，则说明行驶泵故障，测量行驶泵 PS 口压力或行驶泵 X1、X2 口压力，若 PS 口压力正常，X1、X2 口压力正常，平地机仍无法行驶，则说明行驶泵内部出了故障，就要更换行驶泵。

若检测平地机补油压力、行驶压力都正常，这种情况就要分析检查行驶马达或机械部分的原因了，这里不做详细的阐述。

（2）平地机速度跑不起来故障的检测与处理

平地机行驶速度慢，车跑不起来也有多种因素引起，对于每种因素都要进行分析，逐一排查。另外平地机行驶速度慢的表现也不同，有的平地机速度特别慢，各挡位的速度仅相当于正常情况下的 1/3；有的平地机 I 挡速度正常，其他挡位的速度都比正常情况下要低；还有的平地机各挡位都比正常平地机要低，但差的数值不大等，对于以上不同表现出来的故障现象分析检测的对象和方法都有所不同。

对上述第一种表现，即平地机各挡位速度都很低，各挡位的速度仅相当于正常工况下的 1/3，这种情况一般是平地机速度传感器或分流阀出现了故障。首先排除速度传感器是否故障，然后查找分流阀是否出现了故障；首先测量行驶泵的补油压力，补油压力正常时，应检测行驶压力，行驶压力应较正常的平地机偏高。分别检查分流阀组的电磁换向阀阀芯是否卡在一边，再检查分流阀组插装阀阀芯是否卡死。

对于平地机速度的第二种表现，即平地机Ⅰ挡行驶速度正常，其他挡位速度很低。这种情况应该着重检查行驶马达电磁铁线路故障及马达比例电磁铁是否出了故障。具体的检查方法是：拔掉行驶马达一边电磁铁插头，检查平地机4挡行驶速度是否有所增加，若速度有所增加，说明插线这边的线路、马达电磁阀正常，若平地机速度没有什么变化，说明插线端马达电磁阀或线路出了故障。然后把马达插线端的接线插到另一边马达电磁阀上，通过检测平地机4挡速度是否变化，判断出是哪边电器线路或马达电磁阀出了故障。

对于平地机速度慢的第三种表现，即平地机各挡位速度都较正常情况有所降低，达不到设计要求的速度，应是行驶泵效率下降的表现。

（3）平地机行驶不平稳故障的检测与处理

平地机行驶速度不平稳，行车或制动时有冲击现象，这些故障时有发生，产生这些故障的原因主要有平地机补油压力不平稳，行驶马达内部柱塞磨损严重等。

1）平地机补油压力不平稳，一般会造成不踩刹车，平地机也出现不间断的冲击；

2）行驶马达柱塞磨损严重，通常造成平地机在行车时前后的不规则冲击。

（4）平地机行车制动系统常见故障的诊断与排除

1）平地机刹车失灵故障的检测与处理

平地机行车制动系统由制动泵、充液阀、蓄能器、制动阀、制动器等元件组成，其制动原理是制动泵提供液压油，通过充液阀使得系统有 $10\sim15MPa$ 的制动压力，蓄能器储备液压油，当踩下脚踏板刹车时，制动阀换向，液压油进入制动器制动，当松开脚踏板时，制动阀复位，制动器压力油通过制动阀回油箱卸压，制动器复位松刹。

平地机刹车失灵时，首先检测制动压力是否在正常工作范围，若显示制动压力偏低，加大发动机油门，观察制动压力是否有所升高，从而判断制动泵内部磨损严重，效率降低，输出压力不够造成刹车不灵活。若测量制动压力正常，但刹车刹不住，可以判断制动器刹车片磨损，造成刹车不灵。

2）平地机刹车不平稳故障的检测与处理

平地机制动时正常工况下，应该没有冲击，制动平稳，但如果制动阀损坏，平地机制动就会有冲击，测量制动器前制动压力，踩下脚踏板位置不同，测量的压力不同，如果测量的制动压力与制动系统压力一样，没有变化，说明制动阀有故障。

（5）转向液压系统常见故障的诊断与排除

1）平地机无转向故障的诊断与处理

平地机无转向时，首先要测量平地机的转向压力，平地机转向系统溢流阀的设定压力为16MPa，测量到转向压力很低时，说明转向系统压力建立不起来，产生此故障的因素有：转向泵磨损没有压力油输出，液压缸内漏严重，对这些因素逐个排除。首先排除液压缸因素，如果液压缸内漏，液压缸就会发热。平地机行驶制动液压原理如图4-22所示。

2）平地机转向不灵活故障的诊断与排除

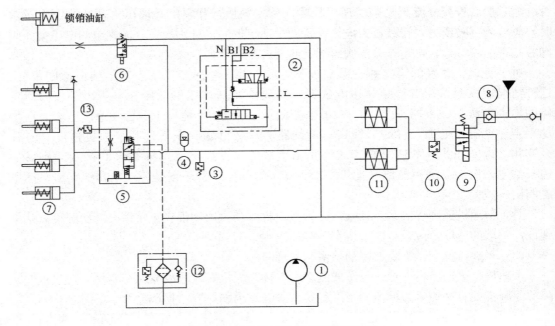

图 4-22 平地机行驶制动液压原理图

①—制动泵；②—充液阀；③—低压报警开关；④—蓄能器；⑤—制动阀；⑥—电磁换向阀；⑦—制动器；
⑧—单向阀；⑨—电磁换向阀；⑩—报警开关；⑪—停车制动器；⑫—回油过滤器；⑬—制动灯开关

平地机转向不灵活的检测与平地机无转向测量相同，同样要测量平地机的转向压力，产生此类故障的因素有：转向泵效率下降，转向液压缸内漏，转向器故障等，同样用排除法去确定故障原因。

转向器故障可以通过停机时转动方向盘来确定。

液压缸内漏的排除同上面一样，转向泵效率下降时，泵会发热。

（6）作业装置液压系统常见故障的诊断与排除

1）作业液压缸自行滑落故障的诊断与处理

作业液压缸自行滑落故障的因素有：作业液压缸内漏，平衡阀关闭性不好。

2）提升液压缸不同步故障的诊断与处理

提升液压缸不同步故障产生的因素有：作业泵前后排量不一样，提升液压缸承受负载不同，相差太大。

四、电气控制系统常见故障的诊断与排除

1. 电源和发动机部分故障诊断与排除（见表 4-7）

电源和发动机部分故障诊断与排除   表 4-7

故障现象	故障点或可能原因	排 除 办 法
1. 打开钥匙开关全车无电	1. 保险 F1 开路； 2. 钥匙开关故障； 3. 电源继电器 K0 损坏； 4. 蓄电池完全损坏	1. 换上容量一样的保险； 2. 检修或更换； 3. 更换； 4. 更换

续表

故障现象	故障点或可能原因	排　除　办　法
2. 点火时启动马达无反应	1. 挡位器不在空挡； 2. 充电信号故障； 3. 机型没有配置成功； 4. 发动机正在预热； 5. 继电器 K2 损坏； 6. 起动继电器 K1 故障； 7. 起动机故障（包括继电器和马达）	1. 挡位器置空挡； 2. 检查线路或更换发电机； 3. 重新配置机型； 4. 预热时禁止启动； 5. 更换； 6. 更换； 7. 调整、更换或请专业人员修理
3. 点火时启动马达有动作，但力量不够，发动机不能顺利完成启动	1. 蓄电池亏电； 2. 起动机故障（包括继电器和马达）； 3. 发动机加浓电磁阀故障	1. 按要求充电到观察窗口应为绿色； 2. 调整、更换或请专业人员修理； 3. 更换

蓄电池检查方法：

观察蓄电池检测窗口，绿色为正常；黑色需要充电；白色为蓄电池损坏。

发电机充电检查：

启动发动机，用万用表测量发电机的 B＋端子的对地电压，27V 以上为正常（仪表面板充电指示灯不亮），否则，需要检查线路或更换发电机。充电信号检查：停机时（电源合上），用万用表测量发电机的 D＋端子（113#线）的对地电压，正常时为 0，否则，要检查线路和发电机

2. 空调工作异常（见表 4-8）

空调电气故障诊断与排除　　　　　　　　　　　　　　　　　　表 4-8

故障现象	故障点或可能原因	排　除　办　法
不能制热	1. 控制开关损坏或没有打到制热挡； 2. 进入空调的热水阀没打开； 3. 发动机的水温过低	1. 更换开关或把控制开关打到制热位置； 2. 打开热水阀； 3. 提高发动机转速
不能制冷	1. 压缩机损坏； 2. 压缩机皮带打滑； 3. 压力开关断开； 4. 冷凝风扇损坏； 5. 温控器损坏； 6. 制冷剂太少	1. 更换压缩机； 2. 更换或调整皮带； 3. 更换压力开关或调整系统压力； 4. 检修或更换冷凝风扇； 5. 更换温控器； 6. 添加制冷剂

3. 机器不能行走（见表 4-9）

机器不能行走故障诊断与排除　　　　　　　　　　　　　　　　表 4-9

故障现象	故障点或可能原因	排　除　办　法
补油压力开关没动作	1. 压力开关损坏。 2. 液压系统补油压力低； 3. 压力开关调整不当	1. 更换压力开关； 2. 用压力表检查液压系统补油压力（应≥26bar）； 3. 调整压力开关动作值为 19bar

续表

故障现象	故障点或可能原因	排除办法
挡位器输入信号不正确	1. 挡位器损坏； 2. 线路故障； 3. 控制器输入故障	1. 更换挡位器； 2. 线路检查排故； 3. 检查、更换控制器

	前进					后退				
	自动	1	2	3	4	自动	1	2	3	4
I0.3	●	●	●	●	●	○	○	○	○	○
I1.1	○	○	○	○	○	●	●	●	●	●
I0.4	○	○	○	●	●	○	○	○	●	●
I0.5	○	●	●	○	○	○	●	●	○	○
I0.6	●	○	●	○	●	●	○	●	○	●

挡位信号表

4. 机器行走速度慢（见表 4-10）

机器行走慢故障诊断与排除   表 4-10

故障现象	故障点或可能原因	排除办法
1. 只有一个马达电磁铁得电工作。一般情况下，机器如果最高速度只有 10km/h 左右，一个马达工作的可能性比较大	1. 一个马达电磁铁线圈开路； 2. 311#线（左边马达电磁铁）或 312#线（右边马达电磁铁）异常。正常情况下，301#线与 311#线（或 312#线）之间的电压随挡位的变化在 0～19V 之间变化。挡位高，电压高；挡位低，电压低；空挡为 0	1. 用万用表检查电磁铁线圈电阻（正确阻值范围是：20～25Ω），更换已损坏马达电磁铁线圈； 2. 检查线路、控制器输出等，并做相应处理
2. 二个马达都没得电工作。一般情况下，机器如果最高速度只有 6.5km/h 左右，两个马达工作的可能性比较大	1. 二个马达电磁铁线圈开路； 2. 311#线（左边马达电磁铁）和 312#线（右边马达电磁铁）异常。正常情况下，301#线与 311#线（或 312#线）之间的电压随挡位的变化在 0～19V 之间变化。挡位高，电压高；挡位低，电压低；空挡为 0	1. 用万用表检查电磁铁线圈电阻（正确阻值范围是：20～25Ω），更换已损坏马达电磁铁线圈； 2. 检查线路、控制器输出等，并做相应处理
3. 马达电流达不到挡位值的要求。正常情况下，手动 1～4 挡左右马达电磁铁的电流在 200～700mA 变化，空挡电流为 0	1. 挡位输入信号不正确； 2. 线路接触不良	1. 查看显示器的挡位显示信息，如果不正确，按"挡位器输入信号不正确"相应办法处理； 2. 检查线路，特别是电磁铁线圈插头接触情况，并做相应处理； 3. 用万用表检查 301#线与 311#线（和 312#线）之间的电压，通常情况下，电压随挡位的变化在 0～19V 之间变化。挡位高，电压高；挡位低，电压低；空挡为 0

5. 防滑系统工作异常（见表 4-11）

防滑系统故障诊断与排除 表 4-11

故障现象	故障点或可能原因	排 除 办 法
1. 防滑系统不工作	1. 马达测速传感器损坏； 2. 线路故障引起两个马达测速没有送到控制器的输入端口； 3. 控制器的故障	1. 通过显示器调试界面查看是否有一个马达转速为零，检测线路，或更换传感器； 2. 线路检查排故； 3. 按控制器的输入、输出检查处理
2. 防滑系统总是工作	1. 一个马达测速损坏； 2. 线路故障； 3. 控制器工作故障	1. 通过显示器调试界面查看是否有一个马达转速为零，检测线路，或更换传感器； 2. 线路检查排故； 3. 查看控制器 I/O 界面，同步阀工作与输出是否一致，不一致更换控制器
3. 防滑系统工作，但起不到防滑作用	1. 防滑阀的控制线断路； 2. 液压系统故障	1. 调整接线，防滑阀电磁铁处电压应大于 24V； 2. 参考液压系统故障诊断与排除

6. 其他辅助电器系统故障

其他辅助电器包括开关、保险、继电器、灯具、仪表、喇叭、收音机、倒车报警器、点烟器、雨刮器等，结构和原理都比较简单明了，诊断的方法是目测或万用表检测，排除的方法一般是修理或更换。

五、发动机常见故障的诊断与排除

为能顺利排除故障、缩短排除故障时间，须遵循下列工作程序：

（1）着手排除故障之前，先了解故障细节：如故障前柴油机工作条件—负载情况、海拔高度、环境灰尘状况；故障性质-逐渐恶化还是突然发生的，或者是间歇性出现的、是否在更换燃油或机油后发生等；故障现-排气烟色、冷却液温度和消耗情况以及有无泄漏、机油温度和消耗情况以及有无泄漏、燃油消耗情况、柴油机噪声情况等；冷却液是否污染，如有机油、铁锈、凝固的沉淀物等，机油是否污染，如有水、燃油等，柴油机振动情况等；

（2）对故障进行严密而系统的分析；

（3）把故障的征兆与柴油机系统和基本零部件建立有机的联系；

（4）把最近的维修或修理与目前的故障相联系；

（5）在开始拆检柴油机前要严格检查；

（6）排除故障首先从最容易和最明显的问题着手；

（7）确定故障原因并进行彻底的修理；

（8）修理结束后，开动柴油机运转证实故障已经排除。

1. 柴油机启动困难或启动后停车

（1）故障现象

1）启动数次均不能启动或启动困难；

2）勉强启动后迅速停车。

（2）原因分析

柴油供给系统是一个独立的系统，主要由管道、滤清器、输油泵组成，而相关的启动电器部分主要有线路、蓄电池、启动电机，发生启动故障一般有以下几个原因：

1）柴油品质差，漂浮物和杂质较多；

2）柴油滤芯堵塞；

3）进油管漏气；

4）柴油输油泵损坏；

5）蓄电池电量不够；

6）停车电磁阀损坏。

（3）排除方法

先检查蓄电池是否正常，如果电量不够，应去充电，或从别的设备上并联蓄电池。再检查滤芯是否堵塞，如果堵塞就更换滤芯；将新的滤芯装满干净的柴油，装好，并排空气；因油路未完全充满燃油，首次启动时间稍长，但不超过10s；如果启动失败，必须停机2min，让马达充分冷却后再启动，否则，易烧坏启动马达。如果是冬天，启动困难，还应检查供油齿条是否在供油位置，预热系统是否正常。连续三次启动失败后，应查找其他原因。必要时拆去停车电磁阀，将齿条复位。

2. 柴油机启动慢或不能启动

（1）故障现象

启动柴油机，合上电源开关，启动柴油机时，柴油机转动缓慢，无力，无法启动。

（2）原因分析

根据上述情况从如下方面进行排查：

1）电池是否充足电，且电源接线头有无接触不良，松动现象；

2）输油泵是否损坏或卡死；

3）柴油机是否有机械故障而产生阻滞；

4）油路是否堵塞。

如果上述问题都能排除，则应拆看启动马达，检查齿轮是否有齿被打缺而造成转速较慢且不平衡。如果是启动马达齿轮的齿被打缺，且发动机启动次数过多、时间过长，将使马达转子两端轴承磨损严重，并造成内部搭铁短路、电压下降，从而会使马达输出功率不足，柴油机无法启动。

（3）排除方法

先检查蓄电池是否正常，如果电量不够，应去充电，或从别的设备上并联蓄电池。再检查油路、机械堵塞故障。如果是输油泵和启动马达损坏，则应更换，并检查油路的供油情况，排除空气。

3. 柴油机马达正常但内部管路故障

（1）故障现象

启动柴油机，马达运转正常，但燃油管路空气不能排除干净，使柴油机无法启动。

（2）原因分析

柴油机油路是柴油从油箱吸出，通过油管，进入柴油粗滤器，再到输油泵，然后到精滤器，最后进入单体泵油腔，故应从柴油机油路查找问题。

（3）排除方法

首先检查油路油管及接头有无破裂或漏气，再查粗滤及精滤是否堵塞，更换滤清器时密封垫是否平整，有无漏气、漏油。检查无以上问题后，再检查柴油输油泵、限压阀。

（4）案例

启动某道依茨柴油机，碰到上述故障，按上述方法排查，发现输油泵输油压力不足，通过对输油泵的拆解，发现限压阀本体阀座偏磨，致使供油压力减小，使柴油机无法启动。更换输油泵，并排除空气后，柴油机恢复正常。

4. 柴油机反复启动均停止

（1）故障现象

合上电源，旋转启动钥匙，启动柴油机。感觉柴油机已经启动，但松开启动钥匙后，柴油机又停止了；仔细观察，在松开启动钥匙瞬间，停车电磁阀同时失电（失磁），回到停车位置。

（2）原因分析

柴油机能着火，这说明柴油机燃油系统没有问题，从而可判定可能是电气系统的毛病，道依茨柴油机的停车电磁阀的工作原理是通电通油，断电断油。由于线头松动，在松开启动按钮瞬间会造成停车电磁阀同时失电。

（3）解决办法

将松动的线接头整理好，拧紧，让其有良好的接触。

5. 柴油机马达正常但无法点火启动

（1）故障现象

合上电源，旋转启动钥匙，启动柴油机。感觉柴油机马达动作正常，但柴油机始终不能着火启动，排气管不冒烟。

（2）原因分析

柴油机马达动作正常，但不能着火，排气管又不冒烟，这说明柴油机基本没有供油。柴油机的停车电磁阀通电通油，断电断油。因停车电磁阀始终在断电断油状态，所以无法启动。

如果在冬季，有可能是因为柴油标号过高而不能正常供油，从而使柴油机无法启动。所以，应检查是否有柴油因气温低而出现析蜡，导致燃油系统堵塞。严重时会导致燃油系统部分零部件损坏。所以应根据当地气温适当选择柴油标号。

（3）解决办法

整理好停车电磁阀的线路。

6. 柴油机启动马达故障

（1）故障现象

1）启动时马达没有转动，检测电路正常，直接在马达上进行电路短接马达不转，就可以确定是马达损坏；

2）启动柴油机时，只听到马达窜动的声音，但柴油机启动不了，检查电源及各部位都正常，但将柴油机飞轮转动一个方向后再进行启动，柴油机能启动，这就可能是启动马达打掉了一个或几个齿。

（2）原因分析

1）造成启动马达损坏有：

①主触点烧损接触不良；②电磁线圈烧坏；③碳刷烧坏。

2）引起故障的原因是：

①启动后没有迅速松开启动按钮，长时间按住启动按钮导致启动马达烧坏；

②启动马达使用较长时间后，主触点接触不良。

3）造成启动马达齿轮打坏的原因是：在连续启动时，中间没有间隔一段时间，马达没有完全停下来就进行第二次启动，从而导致齿轮与齿轮之间没有啮合到位而将齿打掉。

（3）排除方法

1）更换马达；2）更换马达齿轮。

7. 机油压力偏低

（1）故障现象

柴油机正常启动，在高、低怠速运转时机油压力指示偏低，低怠速运转时机油压力偏低报警。

（2）原因分析

导致柴油机机油压力低的因素有：

1）机油油位偏低；

2）机油滤清器堵塞；

3）机油等级过低、黏度不对；

4）机油泵损坏；

5）油压表或油压传感器损坏。

（3）排除方法

1）补充机油到标准油位（油面位置到机油标尺的第一刻度线和第二刻度线之间）；2）更换机油滤芯；3）按标准更换合格机油；4）检修、更换机油泵；5）检修、更换油压表或油压传感器。

8. 机油压力偏高

（1）故障现象

柴油机正常启动，在高怠速运转时机油压力指示偏高，超过机油压力表的显示刻度。

（2）原因分析

柴油机启动后直接高速运转会因机油温度低、黏度大而出现机油压力过高，此现象在冬季更为明显；应在启动后中速运转，待水温上升后再进入高速运转或大负荷作业。

相关参数：道依茨发动机中 BF6M1013E 和 BF6M1013EC 机油压力

① 热机低怠速最低机油压力（水温85℃以上时）为 0.5bar；

② 热机高怠速最低机油压力（水温85℃以上时）为 2.0bar；

③ 热机高怠速最高机油压力（水温85℃以上时）为一般为 5.0bar，短时间内允许达到 7.0bar，润滑系统内的主油路中装有卸压阀控制系统压力，以保护系统。

（3）排除办法

中速运转一段时间，水温上升后机油压力恢复正常。

9. 机油消耗偏高

（1）故障现象

柴油机工作过程中发现某一阶段机油消耗量较平日增多。

（2）原因分析

导致柴油机机油消耗高的因素有：

1）机油油位高；2）机油等级过低、黏度不对；3）机油泄漏；4）平地机倾斜工作时间长。

（3）排除方法

1）调整机油量到油位；2）按标准更换机油；3）检修各结合面、油管、油封（必要时更换）；4）减少倾斜工作时间。

相关参数：道依茨发动机的机油消耗率。

10. 冷却水温过高

（1）故障现象

柴油机工作过程中发现水温过高，长时间满负荷工作时出现水温过高报警。

（2）原因分析

导致柴油机水温高的因素有：

1）水箱缺冷却液；2）风扇皮带松弛或断裂；3）风扇损坏；4）水泵损坏，冷却液不循环；5）节温器失效；6）水箱外部散热片堵塞；7）水箱内部堵塞或钙化。

（3）排除方法

1）加足冷却液，并检查渗漏点；2）张紧或更换皮带；3）更换风扇；4）检查水泵，必要时更换；5）更换节温器；6）清除散热片间的灰尘；7）更换水箱。

（4）保养建议

1）经常检查水箱内的冷却液存量，杜绝冷却系统渗漏，同时要保证冷却液质量，减少导致水箱结垢的可能；

2）禁止使用未经处理的江河湖水等重水代替冷却液，特殊情况可用蒸馏水等软水代替冷却液。

11. 柴油机掉速严重

（1）故障现象

柴油机启动正常，在高、低怠速工作正常，平地机加速时掉速严重，转速掉到1400～1600rpm左右，车速也偏低，但工作一段很短时间后恢复正常。

（2）原因分析

柴油机启动正常，高、低怠速工作正常，说明柴油机电器部分无故障，故障点应在燃油系统。燃油系统管路和滤清器的堵塞影响到柴油机的正常供油，导致低压油回路内的压力建立缓慢，使气缸供油量少、供油压力低、雾化不良，柴油机功率低。在解决燃油系统管路和滤清器堵塞问题后一般能恢复正常。另外，输油泵故障会导致同样现象。可以通过检查柴油油路压力（＞5bar）和流量（＞8L）来判断输油泵工作是否正常。

（3）排除方法

检查燃油系统压力和流量，发现压力和流量偏低时，排查燃油系统管路和滤清器、手油泵内的异物，发现后清除便可恢复正常。

（4）建议

柴油机间隔较长时间后启动时因低压油路建立压力需要一定时间，如果马上进入大负荷工作，会导致输出功率偏低。建议平地机启动后在中速区空车运行 20s 左右开始工作。

12. 柴油机喷油器故障

（1）故障现象

启动柴油机低速运转时，冒白烟；当增加负荷时，排气管冒黑烟，发动机功率明显不足，转速下降。

（2）原因分析

出现以上现象多为喷油嘴燃油雾化不良，主要原因是使用了不洁净的燃油，在柴油滤芯损坏不能完全过滤燃油的情况下，致使油嘴偶件卡死，或者喷油嘴开启压力过低。

（3）排除方法

将每缸的高压油管接头依次松开，当感到某一缸断开后柴油机声音无明显变化，或转速变化不大时就可以断定是这一缸喷油器有故障，再将此缸的喷油器拆下到检验台上试压就可知故障原因。若是喷油嘴偶件卡死，更换新偶件调整压力后，就会恢复正常，若是停缸后各缸柴油机转速相差不大，还应该检查柴油滤芯是否损坏。

13. 柴油机个别气缸不工作

柴油机个别气缸不工作主要是由于个别喷油器工作不正常造成。

（1）故障现象

1）发动机工作时，消声器发出有节奏的"突突"声，并冒黑烟，功率下降。此时改变油门开度，发动机不管在什么样的转速下消音器发出有节奏的"突突"声；在怠速运转时，如稍微提高一下转速，响声更为明显；根据上述现象可肯定发动机个别缸不工作。

2）怎样判断哪个缸不工作。采用断缸法：即用扳手松开高压油管观察，如发动机转速不变或变化不大，则说明该缸不工作或工作不好，如发动机转速发生明显变化，则说明该缸工作良好。

（2）原因分析

个别缸不工作原因是燃油系统发生故障。柴油中如混有水和杂质，或在更换偶件时未将防锈油洗尽，都可以造成喷油器针阀卡死，无法形成油雾，使该缸不能正常工作；另外，高压油泵出油阀偶件磨损、断裂、喷油嘴偶件开启压力降低，都有能导致喷油嘴不能正常工作，使发动机工作异常。

（3）排除方法

1）取下有故障的喷油器总成，将喷油器装在试验台上，按动试验台手泵压杆，使喷油器喷油，检查喷油器开启压力是否达到要求；

2）通过增加或减少喷油器内调压垫片来改变调压弹簧的预紧力，从而调整喷油器开启压力；反复调整，使压力表读数达到规定的喷油器开启压力，且柴油雾化良好，细而均匀；

3）若喷油嘴磨损严重，压力无法调整，且雾化不好就应更换喷油器阀芯，以保证其压力和雾化效果；

4）如果喷油器无问题，还应检查液压泵的出油阀偶件、出油阀弹簧是否有断裂等问题；在装配喷油器的过程中注意清理缸盖上的喷油器安装孔，不得有杂物，安装时按技术要求垫好紫铜垫圈，安装后不得漏气。

14. 柴油机工作时转速不稳定

（1）故障现象

平地机工作时柴油机转速不稳定，掉速过大。

（2）原因分析

1）进、回油管道漏油、漏气；2）柴油滤芯堵塞；3）供油量不足，柴油质量差。

（3）排除方法

1）排查泄漏故障点；2）清洗柴油粗滤芯、更换柴油精滤器；3）张紧输油泵皮带；检查高怠速时的柴油油路的压力和回油量，如果压力小于5bar，回油量小于8L/min，更换输油泵。

（4）保养建议

1）保证柴油质量，保证油量充足；2）定期对油箱内柴油进行排水、排污处理；3）严格执行柴油机保养规定，在规定时间里更换柴油精滤器、机油滤器，清洗柴油粗滤器；4）经常对柴油机运动部件进行检查，尤其要检查柴油机的柴油输送泵、风扇、发电机、水泵皮带的张紧度。

六、空调常见故障的诊断与排除

1. 常见故障的排除见表 4-12

常见故障排除表   表 4-12

项目	故 障 情 况	判断形成的原因	排 除 方 法
1	风扇不转	1. 电气或接插件接触不良； 2. 风量开关、继电器或温控开关损坏； 3. 保险丝断或电池电压太低	修理或更换
2	风扇运转正常，但风量小	1. 吸气侧有障碍物； 2. 蒸发器或冷凝器的翅片堵塞； 3. 传热不畅； 4. 风机叶轮有一个卡死或损坏	清理
3	压缩机不运转或运转困难	1. 电路因断线、接触不良导致压缩机离合器不吸合； 2. 压缩机皮带张紧不够，皮带太松； 3. 压缩机离合器线圈断线、失效； 4. 储液器高低压开关起作用	1. 修理； 2. 张紧； 3. 更换离合器线圈； 4. 冷媒量太少或太多
4	冷媒（制冷剂）量不足	1. 制冷剂泄漏； 2. 制冷剂充注量太少	1. 排除泄漏点； 2. 充入适量制冷剂

项目	故障情况	判断形成的原因	排除方法
	正常工作情况下高低压表的读数	当环境温度为30～50℃时，高压表读数为1.47～1.67MPa（15～17kgf/cm），低压表读数为0.13～0.20MPa（1.4～2.11kgf/cm）	
5	低压压力偏高 低压管表面有霜附着	1. 膨胀阀开启太大； 2. 膨胀阀感温包接触不良； 3. 系统内制冷剂超量	1. 更换膨胀阀； 2. 正确安装感温包； 3. 排除一部分达到规定量
	低压压力偏低 高低压表均低于正常值	制冷剂不足	补充制冷剂到规定量
	低压表压力有时为负压	低压胶管有堵塞，膨胀阀有冰堵或脏堵	修理系统，冰堵应更换贮液器
	蒸发器冻结	温控器失效	更换温控器
	膨胀阀入口侧凉，有霜	膨胀阀堵塞	清洗或更换膨胀阀
	膨胀阀出口侧不凉，低压压力有时为负压	膨胀阀感温管或感温包漏气	更换膨胀阀
	高压表压力偏高 高压表压力偏高，低压表压力偏高	1. 循环系统中混有空气； 2. 制冷剂充注过量	1. 排空，重抽真空充制冷剂； 2. 放出适量制冷剂
	冷凝器被灰尘杂物堵塞 冷凝风机损坏	冷凝器冷凝效果不好	清洗冷凝器、清除堵塞，检查更换冷凝风机
	高压表压力偏低 高低压压力均偏低，低压压力有时为负压，压缩机有故障	1. 制冷剂不足； 2. 低压管路有堵塞损坏； 3. 压缩机内部有故障； 4. 压缩机及高压管发烫	1. 修理并按规定补充制冷剂； 2. 清理或更换故障部位； 3. 更换压缩机
6	热水阀未关闭，热水阀损坏，关不住	暖风抵消冷气效果，制冷效果差	关闭热水电磁阀，更换热水电磁阀

2. 常见故障事例

条件：环境温度在30～50℃，压缩机在正常工作转速情况下：

（1）系统制冷量不足

1）故障现象

①空调其他运行正常，但制冷量小；②高压表指示8～10kgf/cm²，低压表指示小于1kgf/cm²；③从液视镜观看，有连续气泡。

2）原因分析

制冷剂不足，有微泄露。

3）排除方法

用检漏仪找出泄漏处，排除泄漏点，再补充制冷剂到规定值。

（2）系统制冷剂过多

1）故障现象

①空调其他运行正常，但制冷量小；②高压表指示 18～25kgf/cm²，低压表指示 2.5～3kgf/cm²。

2）原因分析

制冷剂充注过多，超过规定量或是冷凝器冷却不足所致；

3）排除方法

①利用高低压表放出多余制冷剂，直到规定量为止；②清洗冷凝器表面，检查冷凝风扇是否有损坏或是有否通风不良。

（3）系统中混入空气

1）故障现象

①空调其他运行正常，但制冷量小；②高压表指示 20～25kgf/cm²，低压表指示 2.5～3.5kgf/cm²；③低压侧配管不凉，压缩机发热。

2）原因分析

抽真空不彻底，制冷系统内混入空气；

3）排除方法

放掉制冷剂，更换贮液器，重新抽真空，充注制冷剂。

（4）系统中混入水分

1）故障现象

①有时制冷，有时不制冷；②高压表指示 6～18kgf/cm²，低压表指示－1kgf/cm²；

2）原因分析

制冷循环时，水分在膨胀阀处结冰堵塞；停止制冷循环时冰融化，又恢复正常制冷。

3）排除方法

放掉制冷剂，更换膨胀阀和贮液器，加注冷冻油，重新抽真空充注制冷剂到规定值。

（5）系统中脏物堵塞

1）故障现象

①一切正常，就是不制冷；②高压表指示 5～6kgf/cm²，低压表指示－1kgf/cm²；③贮液器、膨胀阀和前后配管处有霜和露，冷凝器不发热；④液视镜没有制冷剂流动，平静如水。

2）原因分析

系统内有赃物堵塞管道。

3）排除方法

放掉制冷剂，检查是由于灰尘还是杂物堵塞，更换贮液器、膨胀阀、冷凝器和胶管，重新充注冷冻油和制冷剂（最好全部更换）。

（6）膨胀阀工作不正常

1）故障现象

①冷风不冷，制冷不足；②高压表指示 22～23kgf/cm²，低压表指示小于 2.5kgf/cm²；

③膨胀阀处有霜和露珠。

2）原因分析

膨胀阀开启不正常，不能正常减压。

3）排除方法

更换膨胀阀，重新充注冷冻油和制冷剂，或者调节感温包。

（7）压缩机工作不正常

1）故障现象

①冷风不凉，制冷不足或无制冷；②高压表指示 $7\sim11\mathrm{kgf/cm^2}$，低压表指示小于 $4\sim6\mathrm{kgf/cm^2}$；③膨胀阀处有霜和露珠。

2）原因分析

压缩机窜腔。

3）排除方法

更换压缩机，重新充注冷冻油和制冷剂。

第五章 安全与防护

第一节 基本安全要求

一、与"人"相关基本要求

1. 操作人员必备条件

（1）作业人接受专业培训并已被证明合格，具备操作能力，持有认可的操作证书，才能操作平地机；

（2）在操作机器时，务必穿戴适合于工作的紧身服和安全帽等安全用品；

（3）只有专业技术人员和售后服务人员才能检查、维修、保养平地机。

2. 操作人员安全注意事项

（1）始终保持行走倒车报警器与喇叭处于工作状态，当机器开始移动时，鸣笛并警告周围人员；

（2）乘员也会阻挡操作人员的视线，导致在不安全的情况下操作机器，因此只允许操作员在机器上，不可有其他乘员；

（3）驾驶室具有防落物、防倾翻功能，具有一定的防落物、防倾翻能力，但在有石块或碎石掉落可能性的地方作业时，应事先评估，确保人和机器工作时是安全的；

（4）时刻警惕有无旁人进入工作区域，在移动机器运行过程前，用喇叭或其他信号警告旁人，在倒车时，如果您的视线被挡，请使用信号员，用符合当地规定的手信号，只有在信号员和操作者都清楚地明白信号时，才能移动机器；在倒车、转弯或作业时，尽量避免有人在机器附近，防止他人被机器撞倒或压倒，造成严重的伤亡事故。

二、平地机安全注意事项

1. 跑车和作业时的安全注意事项

（1）仔细地阅读和遵守机器上所有的安全标牌，学会怎样正确、安全地操作机器及其控制器；

（2）只能在操作席上启动发动机，绝对不要站在地面上起动发动机，启动发动机前确认所有的操纵杆都处于中间位置；

（3）在铲刀回转或移动、操作机器之前，确认周围人员的位置，格外小心不要撞倒周围人员；

（4）始终保持行走倒车报警器与喇叭处于工作状态，当机器开始移动时，鸣笛并警告周围人员；

（5）在狭窄区域内行走、回转作业或操作机器时，请使用信号员，在启动机器前，要协调手势信号的含义。信号员只能是唯一的，不得同时有 2 名以上信号员进行指挥；

（6）如果必须用跨接启动的方法来启动发动机，需要由两个人来进行，绝对不可使用冻结的蓄电池，如不遵守正确的跨接启动步骤，将会导致电池爆炸或机器的失控；

（7）保持窗子完好，后视镜和灯的清洁度完好；

（8）尘土、大雨、雾气等会降低能见度。当能见度降低时，减少速度，并使用适当照明；

（9）防止机器在 14°以上的坡上工作；

（10）车辆在冰冻的地面上除雪时，必须装防滑链，且必须防止因车速过快等原因的翻车。

2. 安全运输和转场

（1）装卸前，彻底清扫斜面或装卸台和拖车板，沾有油污、泥土或冰的斜面、装卸台和拖车平板有溜滑的危险；

（2）必须在坚实水平的地面上装卸机器，与道路边缘保持一定的安全距离；

（3）使用斜面或装卸台时，要在车轮下放置好挡块；

（4）装卸台必须有足够的宽度和强度支撑机器，并有一个小于 15°的坡度；

（5）装车时机器的中线应该与拖车的中线对应，缓慢地把机器驶上斜面，防止铲刀刮坏运输车辆的轮胎等；

（6）机器摆放位置校正好后，将铰接车架打直，前轮中心调正与机器中心重合、轮胎与地面垂直，铲刀下降并置于行驶中应放的位置，铲刀下部必须用橡胶或软木垫实，防止因运输过程中的颠簸而使升降液压缸折弯；

（7）放下推土板和松土器，下部用橡胶或软木垫实；

（8）把链条或绳索系在机器的机架上，不要将链条或缆索跨过或压在液压管路或软管上，用链条或缆索把机器的四个角和工作装置固定到拖车上；

（9）运输时，应用拉杆固定好铰接转向，以三角木块楔住车轮，并采取其他措施将平地机固定牢靠；

（10）将柴油机水箱内的存水排放干净，存留部分燃油供发运使用；

（11）断开蓄电池与机架相连的电路；

（12）卸车时，升起工作装置，然后缓慢移动机器，拖车平板后端与斜面的相汇处成突起状，要小心地驶过，当机器移到坡道时，小心地降下机器直到完全离开坡道；

（13）平地机在某一工地施工完后，需在公共道路上短途转场到另一工地时，按"行驶前的准备"工序进行操作。

3. 安全停放

为了防止事故：

（1）将机器停放在水平地面上；

（2）如果机器要停放在坡上时，前后车轮都要用物体楔住，不得滑动；

（3）将铲刀、前推土板（选装）、后松土器（选装）降到地上；

（4）挡位选择器置于空挡，按下停车制动器按钮，使其处于位置"P"上；

（5）以怠速空载运转发动机 5min；

（6）把钥匙开关转至 OFF（关）"0"，停止发动机；

（7）从钥匙开关上取下钥匙；

（8）关上窗户和驾驶室门；

（9）锁上所有检修门和箱室。

第二节 工作过程安全要求

一、平地作业注意事项

（1）在开始作业前应检查工地的地形和地面状况，使机器与沟边或路肩保持一定的距离，如果需要在软地上作业，应事先压实；

（2）在操作机器时，务必穿戴适合于工作的紧身服和安全帽等安全用品，机器作业范围内无障碍物和无关人员；

（3）铲刀左右侧翻90°的过程中，铲刀左右提升液压缸必须与铲刀摆动液压缸协同动作，切忌野蛮操作，严禁操作过程中一个或两个液压缸的行程已操作到位而另一个液压缸还没有动作，致使操作过程中发生液压缸与机架等干涉，损坏液压缸；

（4）铲刀左右侧引过程中，如果碰到硬物，必须停止，严禁野蛮操作，损坏侧引液压缸；

（5）铲刀回转360°时，必须小心操作，防止铲刀刮坏轮胎、碰坏机架和前桥转向拉杆。

二、快速跑车注意事项

（1）行驶时必须观察机油压力不能低于0.8bar，水温不能高于100℃，油温不能高于80℃，否则应停止工作；

（2）行驶一段距离后，踏下行车制动踏板，检查制动性能；

（3）停车制动可以兼作紧急制动，但只有在行车制动失效的紧急情况下才能使用，在行车制动有效的情况下，严禁在平地机行驶状态使用停车制动。

图5-1 停车制动按钮

停车制动按钮如图5-1所示。

（4）由于停车采用常闭式停车制动器，即制动器中没有液压油作用时制动生效，如果平地机行驶到危险地点（如横置在铁路道口的路轨上）且停车制动液压油管破裂或发动机熄火，造成停车制动器内失压而使停车制动生效，平地机不能开动或被拖动，这时解除停车制动的办法是：将安装在两侧减速平衡箱上（两后轮中间）的停车制动器外护套（序1）拧下，用扳手将螺母（序2）拧紧（约1.5～2圈），使活塞杆被拉出3～4mm，停车制动解除。

停车制动解除示意图如图5-2所示。

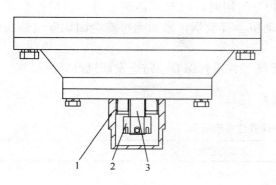

图5-2 停车制动解除示意图

1—外护套；2—螺母；3—活塞杆

三、停车注意事项

（1）最好将机器停放在水平地面上；

（2）如果机器要停放在坡上时，前后车轮都要用物体楔住，不得滑动；

（3）将铲刀、前推土板（选装）、后松土器（选装）降到地上；

（4）挡位选择器置于空挡，将停车制动旋钮旋至位置"STOP"上；

（5）不要在满负荷下关闭发动机，应使其空运转1～2min。如果是临时停车，机器又在不安全的地方，则要把钥匙开关顺时针转至1位，打开停车警示灯开关，让警示灯闪烁，以防发生事故。

四、冬天操作注意事项

（1）在寒冷的气候条件下，发动机变得不容易起动，燃油可能会冻结，液压油的黏度会增大，因此，需根据气候温度选用燃油；

（2）三一平地机使用的冷却液为永久型防冻液，寒冷天气不会冻结，因此，客户在加注防冻液时，需提醒客户使用三一公司指定的防冻液，不得随意添加自来水或其他牌号的冷却液；

（3）平地机最合适的液压油温度是50℃以上（最高不要超过80℃），当液压油温度低于25℃时，机器可能会出现操作时无反应或突然快速动作现象，因而发生严重事故，因此当液压油温度低于25℃时，必须对机器进行预热后才能开始工作；

（4）在寒冷天气发动机难以起动，可先对进气系统进行预热，按下列步骤操作：

1）当环境温度接近或低于0℃时，发动机启动开关接通电源后，如果发动机需预热，此时发动机预热指示灯亮，预热约1min；

2）预热好后，预热指示灯熄灭；

3）若发动机不能平稳启动，应停止启动，间隔2min后重新起动；如多次启动无效，发动机将不能启动，应检查发动机空气加热器系统；

4）启动发动机后，检查各仪表及指示灯是否正常。

五、高原使用注意事项

平地机在海拔高度≥2500m、温度≥40℃使用时，因空气逐渐稀薄，柴油燃烧不完全，发动机功率会损失10%以上。此时发动机会冒黑烟，燃油嘴可能会因积碳过热而烧裂，因此需经常对其除碳。

在高原上使用时，要对发动机的进气系统经常进行保养，防止发动机过载。

六、维护保养注意事项（见表5-1）

平地机维护保养注意事项表　　　　　　　　　　　　　　　　表5-1

操作条件	保养注意事项
海边	操作前： 检查螺栓和一切排放螺塞是否已拧紧； 操作后： 用清水彻底地清洗机器，以洗去盐分；经常保养电器设备，以避免腐蚀

操作条件	保养注意事项
多尘土环境	空气滤清器： 缩短保养间隔定期清扫滤芯； 散热器： 清扫散热片，以免堵塞； 燃油系统： 缩短保养间隔定期清洗过滤器滤芯和滤器； 电气设备： 定期清扫，特别是交流发电机和起动器的整流器表面
砂砾石地面和维修的水泥地面	工作装置： 在砂砾石地面和维修的水泥地面上作业时，刀片磨损快，避免损坏铲刀体和推土板体等
冰冻天气	燃油： 使用适合低温度的高质量燃油； 润滑剂： 使用高质量低黏度的液压油和发动机机油； 发动机冷却水： 务必使用防冻剂； 蓄电池： 以短保养间隔定期充足蓄电池的电，如果不充足电，电解液可能冻结

七、车辆存放注意事项

（1）检查机器，修理磨损或损坏的零件，如果需要，装上新零件；

（2）铲刀和推土板放置在地面上；

（3）清扫初级空气滤清器滤芯；

（4）对露出的液压缸活塞杆涂上润滑脂；

（5）润滑所有润滑点；

（6）清洗机器（特别是冬季存放时），要对平地机各个部位清洗干净；

（7）在蓄电池充足电后，拆下蓄电池并将其存放在干燥安全的地方，如果不拆下，就从（一）端子上分离蓄电池负极电缆连接；

（8）在冷却水中加入防锈剂，在冬季，要使用防冻剂，或者完全放掉冷却水，如果冷却系统被放空，务必在显眼处放上"散热器无水"的标牌；

（9）放松交流发电机和冷却风扇的皮带；

（10）在必要的地方涂漆以避免生锈；

（11）将机器存放在既干燥通风又安全的地方，如果存放在室外，遮上防水罩；

（12）如果要长期存放机器，应至少每月检查一次轮胎气压，操纵运转一次机器。

第六章 机械化联合作业与事故应急处理

第一节 典型工况机械化联合作业

一、土方路堤填筑

1. 土方路堤操作程序：取土—运输—推土机初平—平地机整平—压路机碾压。

2. 土方路堤填筑作业常用推土机、铲运机、平地机、挖掘机、装载机等机械按以下几种方法作业。

（1）水平分层填筑法：填筑时按照横断面全宽分成水平层次，逐层向上填筑，是路基填筑的常用方法。

（2）纵向分层填筑法：依路线纵坡方向分层，逐层向上填筑。常用于地面纵坡大于12％，用推土机从路堑取料填筑，且距离较短的路堤。缺点是不易碾压密实。

（3）横向填筑法：从路基一端或两端按横断面全高逐步推进填筑。填土过厚，不易压实。仅用于无法自下而上填筑的深谷、陡坡、断岩、泥沼等机械无法进场的路堤。

（4）联合填筑法：路堤下层用横向填筑而上层用水平分层填筑。适用于因地形限制或填筑堤身较高，不宜采用水平分层法或横向填筑法自始至终进行填筑的情况。单机或多机作业均可，一般沿线路分段进行，每段距离以 20～40m 为宜，多在地势平坦，或两侧有可利用的山地土场的场合采用。

3. 施工一般技术要领：

（1）必须根据设计断面，分层填筑、分层压实。

（2）路堤填土宽度每侧应宽于填层设计宽度，压实宽度不得小于设计宽度，最后削坡。

（3）填筑路堤宜采用水平分层填筑法施工。如原地面不平，应由最低处分层填起，每填一层，经过压实符合规定要求之后，再填上一层。

（4）原地面纵坡大于12％的地段，可采用纵向分层法施工，沿纵坡分层，逐层填压密实。

（5）山坡路堤，地面横坡不陡于1∶5且基底符合规定要求时，路堤可直接修筑在天然的土基上。地面横坡陡于1∶5时，原地面应挖成台阶（台阶宽度不小于1m），并用小型夯实机加以夯实。填筑应由最低一层台阶填起，并分层夯实，然后逐台向上填筑，分层夯实，所有台阶填完之后，即可按一般填土进行。

（6）高速公路和一级公路，横坡陡峻地段的半填半挖路基，必须在山坡上从填方坡脚向上挖成向内倾斜的台阶，台阶宽度不应小于1m。

（7）不同土质混合填筑路堤时，以透水性较小的土填筑于路堤下层时，应做成4％的双向横坡；如用于填筑上层时，除干旱地区外，不应覆盖在由透水性较好的土所填筑的路堤边坡上。

（8）不同性质的土应分别填筑，不得混填。每种填料层累计总厚度不宜小于 0.5m。

（9）凡不受潮湿或冻融影响而变更其体积的优良土应填在上层，强度较小的土应填在下层。

（10）河滩路堤填土，应连同护道在内，一并分层填筑。可能受水浸淹部分的填料，应选用水稳性好的土料。

二、填石路基施工

1. 填料要求：石料强度（饱水试件极限抗压强度）要求不小于 15MPa，风化程度应符合规定，最大粒径不宜大于层厚的 2/3。在高速公路及一级公路填石路堤路床顶面以下 50cm 范围内，填料粒径不得大于 10cm，其他等级公路填石路堤路床顶面以下 30cm 范围内，填料粒径不得大于 15cm。

2. 填筑方法：竖向填筑法、分层压实法、冲击压实法和强力夯实法。

（1）竖向填筑法（倾填法）主要用于二级及二级以下且铺设低级路面的公路在陡峻山坡施工特别困难或大量爆破移挖作填路段，以及无法自下而上分层填筑的陡坡、断岩、泥沼地区和水中作业的填石路堤。该方法施工路基压实、稳定问题较多。

（2）分层压实法（碾压法）是普遍采用并能保证填石路堤质量的方法。该方法自下而上水平分层，逐层填筑，逐层压实。高速公路、一级公路和铺设高级路面的其他等级公路的填石路堤采用此方法。填石路堤将填方路段划分为四级施工台阶、四个作业区段、八道工艺流程进行分层施工。四级施工台阶是：在路基面以下 0.5m 为第 1 级台阶，0.5～1.5m 为第 2 级台阶，1.5～3.0m 为第 3 级台阶，3.0m 以下为第 4 级台阶。四个作业区段是：填石区段、平整区段、碾压区段、检验区段。施工中填方和挖方作业面形成台阶状，台阶间距视具体情况和适应机械化作业而定，一般长为 100m 左右。填石作业自最低处开始，逐层水平填筑，每一分层先是机械摊铺主骨料，平整作业铺撒嵌缝料，将填石空隙以小石子或石屑满铺平，采用重型振动压路机碾压，压至填筑层顶面石块稳定。

石方填筑路堤 8 道工艺流程是：施工准备、填料装运、分层填筑、摊铺平整、振动碾压、检测签认、路基成型、路基整修。

（3）冲击压实法利用冲击压实机的冲击碾周期性大振幅低频率地对路基填料进行冲击，压密填方；强力夯实法用起重机吊起夯锤从高处自由落下，利用强大的动力冲击，迫使岩土颗粒位移，提高填筑层的密实度和地基强度。

强力夯实法简要施工程序：填石分层强夯施工，要求分层填筑与强夯交叉进行，各分层厚度的松铺系数，第一层可取 1.2，以后各层根据第一层的实际情况调整。每一分层连续挤密式夯击，夯后形成夯坑，夯坑以同类型石质填料填补。由于分层厚度为 4～5m，填筑作业采用堆填法施工，装运用大型装载机和自卸汽车配合作业，铺筑时用大型履带式推土机摊铺和平整，夯坑回填也用推土机完成，每层主夯和面层的主夯与满夯由起重机和夯锤实施，路基面需要用振动压路机进行最后的压实平整作业。

强夯法与碾压法相比，只是夯实与压实的工艺不同，而填料粒径控制、铺填厚度控制都要进行，强夯法控制夯击击数，碾压法控制压实遍数，机械装运摊铺平整作业完全一样，强夯法需要进行夯坑回填。

三、土石路堤施工

1. 填料要求：石料强度大于 20MPa 时，石块的最大粒径不得超过压实层厚的 2/3；当石料强度小于 15MPa 时，石料最大粒径不得超过压实层厚，超过的应打碎。

2. 填筑方法：土石路堤不得采用倾填方法，只能采用分层填筑，分层压实。当土石混合料中石料含量超过 70％时，宜采用人工铺填；当土石混合料中石料含量小于 70％时，可用推土机铺填，最大层厚 40cm。

四、高填方路堤施工技术

水田或常年积水地带，用细粒土填筑路堤高度在 6m 以上，其他地带填土或填石路堤高度在 20m 以上时，称为高填方路堤。高填方路堤应采用分层填筑、分层压实的方法施工，每层填筑厚度根据所采用的填料决定。

五、粉煤灰路堤施工技术

粉煤灰路堤可用于高速公路。凡是电厂排放的硅铝型低铝粉煤灰都可作为路堤填料。由于是轻质材料，粉煤灰的使用可减轻土体结构自重，减少软土路堤沉降，提高土体抗剪强度。

粉煤灰路堤一般由路堤主体部分、护坡和封顶层，以及隔离层、排水系统等组成，其施工步骤主要有基底处理、粉煤灰储运、摊铺、洒水、碾压、养护与封层。

六、结构物处的回填施工技术

1. 一般规定

（1）填土长度：一般在顶部为距翼墙尾端不小于台高加 2m，底部距基础内缘不小于 2m；拱桥台背不少于台高的 3～4 倍；涵洞两侧填土长度不少于孔径的 2 倍及高出涵管顶 1.5m；挡土墙墙背回填部分顶部不少于墙高加 2m，底部距基础内缘不小于 2m。

填土高度：从路堤顶面起向下计算，在冰冻区一般不应小于 2.5m，无冰冻地区到高水位处，均应填以渗水性土，其余部分可用与路堤相同的土填筑，并在其上设横向排水盲沟或铺向外倾斜的黏土或胶泥层。

（2）桥涵等构造物处填土前，应完成台前防护工程及桥梁上部结构。

（3）结构物处的回填，一般要到基础混凝土或砌体的水泥砂浆强度达到设计强度的 70％以上时才能填筑。

（4）填筑时，与路基衔接处填方区内的坡形地面做成台阶或锯齿形。

（5）桥台台背填土应与锥坡同时进行。

2. 填料要求

结构物处的回填材料应满足一般路堤填料的要求，优先选用挖取方便、压实容易、强度高的透水性材料，如石质土、砂土、砂性土。禁止使用捣碎后的植物土、白垩土、硅藻土、腐烂的泥炭土。黏性土不可用于高等级公路，在掺入小剂量石灰等稳定剂进行处理后可用于低等级公路结构物处的回填。

第二节　机械化施工常见事故原因分析

案例1：某平地机在施工中突然出现发动机不能启动的故障。维修工检查时，发现电瓶和启动电路都正常，启动机完好，但发动机不随启动机转动；用撬棍撬发动机飞轮，飞轮不转；发动机工作时曾有异常响声，但是没有引起操作员的注意，继续使用，随后发动机熄火，再也不能启动，经检查，发动机报废。

分析原因：平地机出现异常时工作人员却强制使用，因此给机器造成严重后果。操作人员过分看中操作能力，缺少机械原理、机械构造和维护保养技术等的学习。缺乏简单故障的诊断和处理的经验常识。

案例2. 某平地机在施工过程中用齿耙翻松泥土石块等飞溅，造成人员伤害。

分析原因：驾驶员进行平地机操作之前观察不周，没有确定作业区有无树根、石块等障碍物以及有无旁人进入工作区域，驾驶员在移动机器运行过程前，没有用喇叭或其他信号警告旁人。

案例3：某平地机在转场加油途中倒车，驾驶员只观看了一下两侧的倒车镜，便直接倒车，致使正在车后测量中线的工人被撞身亡。

分析原因：驾驶员严重违反平地机倒车的有关安全操作规程，倒车时观察不周，没有用喇叭示意警告他人。

案例4：某平地机在某升级路段处行驶时，一运输车停靠在路边让车，但平地机在经过期间，铲刀挂上运输车后轮，致使一轮毂和轮胎不同程度受损，所幸没有造成人员伤亡。

分析原因：驾驶员安全操作思想淡薄，作业时对周边环境安全确认不到位，平地机在单纯行驶不作业时，应将铲刀收回。

案例5：某平地机在除雪作业中，作业速度过快导致翻车。

分析原因：除雪作业的平地机未按照操作要求加装防滑链，且车速过快。除雪作业的平地机作业速度一般在 25km/h 左右。

案例6：某平地机在斜坡作业时，突然侧翻。

分析原因：驾驶员在斜坡作业时，没有使前轮处于垂直状态，以借助前轮倾斜而获得良好的附着力。同时，驾驶员未发现斜坡坡度过陡，当横向坡度大于 10°时严禁使用平地机作业。

第七章　施工作业现场常见标志标示

住房和城乡建设部发布行业标准《建筑工程施工现场标志设置技术规程》编号为 JGJ 348—2014，自 2015 年 5 月 1 日起实施。其中，第 3.0.2 条为强制性条文，必须严格执行。

施工现场安全标志的类型、数量应根据危险部位的性质，分别设置不同的安全标志。建筑工程施工现场的下列危险部位和场所应设置安全标志：

(1) 通道口、楼梯口、电梯口和孔洞口；

(2) 基坑和基槽外围、管沟和水池边沿；

(3) 高差超过 1.5m 的临边部位；

(4) 爆破、起重、拆除和其他各种危险作业场所；

(5) 爆破物、易燃物、危险气体、危险液体和其他有毒有害危险品存放处；

(6) 临时用电设施和施工现场其他可能导致人身伤害的危险部位或场所。

根据现行《建设工程安全生产管理条例》的规定，施工单位应当在施工现场入口处、施工起重机械、临时用电设施、脚手架、出入通道口、楼梯口、电梯井口、孔洞口、桥梁口、隧道口、基坑边沿、爆破物及有害危险气体和液体存放处等危险部位，设置明显的安全警示标志。

施工现场内的各种安全设施、设备、标志等，任何人不得擅自移动、拆除。因施工需要必须移动或拆除时，必须要经项目经理同意后并办理有关手续，方可实施。

安全标志是指在操作人中容易产生错误，有造成事故危险的场所，为了确保安全，所采取的一种标示。此标示由安全色，几何图形符合构成，是用以表达特定安全信息的特殊标示，设置安全标志的目的，是为了引起人们对不安全因素的注意，预防事故发生。

(1) 禁止标志：是不准或制止人的某种行为（图形为黑色，禁止符号与文字底色为红色）。

(2) 警告标志：是使人注意可能发生的危险（图形警告符号及字体为黑色，图形底色为黄色）。

(3) 指令标志：是告诉人必须遵守的意思（图形为白色，指令标志底色均为蓝色）。

(4) 提示标志：是向人提示目标的方向。

安全色是表达信息含义的颜色，用来表示禁止、警告、指令、指示等，其作用在于使人能迅速发现或分辨安全标志，提醒人员注意，预防事故发生。

(1) 红色：表示禁止、停止、消防和危险的意思。

(2) 蓝色：表示指令，必须遵守的规定。

(3) 黄色：表示通行、安全和提供信息的意思。

专用标志是结合建筑工程施工现场特点，总结施工现场标志设置的共性所提炼的，专用标志的内容应简单、易懂、易识别；要让从事建筑工程施工的从业人员都准确无误的识别，所传达的信息独一无二，不能产生歧义。其设置的目的是引起人们对不安全因素的注意和规范施工现场标志的设置，达到施工现场安全文明。专用标志可分为名称标志、导向标志、制度类标志和标线 4 种类型。

多个安全标志在同一处设置时，应按禁止、警告、指令、提示类型的顺序，先左后右，先上后下地排列。出入施工现场遵守安全规定，认知标志，保障安全是实习阶段最应关注的事项。学员和教师均应注意学习施工现场安全管理规定、设备与自我防护知识、成品保护知识、临近作业交叉作业安全规定等；尤其是要了解和认知施工现场安全常识、现场标志，遵守管理规定。

常见标准如下：

《安全色》GB 2893—2008

《安全标志及其使用导则》GB 2894—2008

《道路交通标志和标线》GB 5768—2009

《消防安全标志》GB 13495—1992

《消防安全标志设置要求》GB 15630—1995

《消防应急照明和疏散指示系统》GB 17945—2010

《建筑工程施工现场标志设置技术规程》JGJ 348—2014

《建筑机械使用安全技术规程》JGJ 33—2012

《施工现场机械设备检查技术规程》JGJ 160—2008

根据现行《建设工程安全生产管理条例》的规定，施工单位应当在施工现场入口处、施工起重机械、临时用电设施、脚手架、出入通道口、楼梯口、电梯井口、孔洞口、桥梁口、隧道口、基坑边沿、爆破物及有害危险气体和液体存放处等危险部位，设置明显的安全警示标志。安全警示标志必须符合国家标准。本条重点指出了通道口、预留洞口、楼梯口、电梯井口；基坑边沿、爆破物存放处、有害危险气体和液体存放处应设置安全标志，目的是强化在上述区域安全标志的设置。在施工过程中，当危险部位缺乏提供相应安全信息的安全标志时，极易出现安全事故。为降低施工过程中安全事故发生的概率，要求必须设置明显的安全标志。危险部位安全标志设置的规定，保证了施工现场安全生产活动的正常进行，也为安全检查等活动正常开展提供了依据。

第一节　禁　止　类　标　志

施工现场禁止标志的名称、图形符号、设置范围和地点的规定，见表 7-1。

禁　止　标　志　表　　　　　　　　　　　　表 7-1

名称	图形符号	设置范围和地点	名称	图形符号	设置范围和地点
禁止通行	禁止通行	封闭施工区域和有潜在危险的区域	禁止入内	禁止入内	禁止非工作人员入内和易造成事故或对人员产生伤害的场所

名称	图形符号	设置范围和地点	名称	图形符号	设置范围和地点
禁止停留	**禁止停留**	存在对人体有危害因素的作业场所	禁止吊物下通行	**禁止吊物下通行**	有吊物或吊装操作的场所
禁止跨越	**禁止跨越**	施工沟槽等禁止跨越的场所	禁止攀登	**禁止攀登**	禁止攀登的桩机、变压器等危险场所
禁止跳下	**禁止跳下**	脚手架等禁止跳下的场所	禁止靠近	**禁止靠近**	禁止靠近的变压器等危险区域
禁止乘人	**禁止乘人**	禁止乘人的货物提升设备	禁止启闭	**禁止启闭**	禁止启闭的电器设备处
禁止踩踏	**禁止踩踏**	禁止踩踏的现浇混凝土等区域	禁止合闸	**禁止合闸**	禁止电气设备及移动电源开关处

名称	图形符号	设置范围和地点	名称	图形符号	设置范围和地点
禁止吸烟	禁止吸烟	禁止吸烟的木工加工场等场所	禁止转动	禁止转动	检修或专人操作的设备附近
禁止烟火	禁止烟火	禁止烟火的油罐、木工加工场等场所	禁止触摸	禁止触摸	禁止触摸的设备或物体附近
禁止放易燃物	禁止放易燃物	禁止放易燃物的场所	禁止戴手套	禁止戴手套	戴手套易造成手部伤害的作业地点
禁止用水灭火	禁止用水灭火	禁止用水灭火的发电机、配电房等场所	禁止堆放	禁止堆放	堆放物资影响安全的场所
禁止碰撞	禁止碰撞	易有燃气积聚，设备碰撞发生火花易发生危险的场所	禁止挖掘	禁止挖掘	地下设施等禁止挖掘的区域

续表

名称	图形符号	设置范围和地点	名称	图形符号	设置范围和地点
禁止挂重物	禁止挂重物	挂重物易发生危险的场所			

第二节 警告标志

施工现场警告标志的名称、图形符号、设置范围和地点的规定见表 7-2。

警 告 标 志 表 表 7-2

名称	图形符号	设置范围和地点	名称	图形符号	设置范围和地点
注意安全	注意安全	禁止标志中易造成人员伤害的场所	当心触电	当心触电	有可能发生触电危险的场所
当心爆炸	当心爆炸	易发生爆炸危险的场所	注意避雷	避雷装置 注意避雷	易发生雷电电击区域
当心火灾	当心火灾	易发生火灾的危险场所	当心伤手	当心伤手	易造成手部伤害的场所

续表

名称	图形符号	设置范围和地点	名称	图形符号	设置范围和地点
当心坠落	当心坠落	易发生坠落事故的作业场所	当心滑倒	当心滑倒	易滑倒场所
当心碰头	当心碰头	易碰头的施工区域	当心坑洞	当心坑洞	有坑洞易造成伤害的作业场所
当心绊倒	当心绊倒	地面高低不平易绊倒的场所	当心塌方	当心塌方	有塌方危险区域
当心障碍物	当心障碍物	地面有障碍物并易造成人的伤害的场所	当心冒顶	当心冒顶	有冒顶危险的作业场所
当心跌落	当心跌落	建筑物边沿、基坑边沿等易跌落场所	当心吊物	当心吊物	有吊物作业的场所

续表

名称	图形符号	设置范围和地点	名称	图形符号	设置范围和地点
当心机械伤人	当心机器伤人	易发生机械卷入、轧压、碾压、剪切等机械伤害的作业场所	当心噪声	当心噪声	噪声较大易对人体造成伤害的场所
当心扎脚	当心扎脚	易造成足部伤害的场所	注意通风	注意通风	通风不良的有限空间
当心落物	当心落物	易发生落物危险的区域	当心飞溅	当心飞溅	有飞溅物质的场所
当心车辆	当心车辆	车、人混合行走的区域	当心自动启动	当心自动启动	配有自动启动装置的设备处

第三节 指 令 标 志

施工现场指令标志的名称、图形符号、设置范围和地点的规定见表7-3。

指 令 标 志

表7-3

名称	图形符号	设置范围和地点	名称	图形符号	设置范围和地点
必须戴防毒面具	必须戴防毒面具	通风不良的有限空间	必须戴安全帽	必须戴安全帽	施工现场
必须戴防护面罩	必须戴防护面罩	有飞溅物质等对面部有伤害的场所	必须戴防护手套	必须戴防护手套	具有腐蚀、灼烫、触电、刺伤等易伤害手部的场所
必须戴防护耳罩	必须戴防护耳罩	噪音较大易对人体造成伤害的场所	必须穿防护鞋	必须穿防护鞋	具有腐蚀、灼烫、触电、刺伤、砸伤等易伤害脚部的场所
必须戴防护眼镜	必须戴防护眼镜	有强光等对眼睛有伤害的场所	必须系安全带	必须系安全带	高处作业的场所

名称	图形符号	设置范围和地点	名称	图形符号	设置范围和地点
必须消除静电		有静电火花会导致灾害的场所	必须用防爆工具		有静电火花会导致灾害的场所

第四节 提 示 标 志

施工现场提示标志的名称、图形符号、设置范围和地点见表7-4。

提 示 标 志　　　　　　　表7-4

名称	名称及图形符号	设置范围和地点	名称	名称及图形符号	设置范围和地点
动火区域		施工现场划定的可使用明火的场所	应急避难场所		容纳危险区域内疏散人员的场所
避险处		躲避危险的场所	紧急出口		用于安全疏散的紧急出口处，与方向箭头结合设在通向紧急出口的通道处（一般应指示方向）

第五节 导 向 标 志

施工现场导向标志的名称、图形符号、设置范围和地点的规定见表 7-5、表 7-6。

导向标志 交通警告标志

表 7-5

指示标志	名 称	设置范围和地点	禁令标志	名 称	设置范围和地点
	直行	道路边		停车位	停车场前
	向右转弯	道路交叉口前		减速让行	道路交叉口前
	向左转弯	道路交叉口前		禁止驶入	禁止驶入路段入口处前
	靠左则道路行驶	需靠左行驶前		禁止停车	施工现场禁止停车区域
	靠右则道路行驶	需靠右行驶前		禁止鸣喇叭	施工现场禁止鸣喇叭区域
	单行路（按箭头方向向左或向右）	道路交叉口前		限制速度	施工现场入出口等需限速处
	单行路（直行）	允许单行路前		限制宽度	道路宽度受限处

续表

指示标志	名　称	设置范围和地点	禁令标志	名　称	设置范围和地点
	人行横道	人穿过道路前		限制高度	道路、门框等高度受限处
	限制质量	道路、便桥等限制质量地点前		停车检查	施工车辆出入口处

交通警告标志 表 7-6

	慢行	施工现场出入口、转弯处等
	向左急转弯	施工区域急向左转弯处
	向右急转弯	施工区域急向右转弯处
	上陡坡	施工区域陡坡处，如基坑施工处
	下陡坡	施工区域陡坡处，如基坑施工处
	注意行人	施工区域与生活区域交叉处

第六节　现 场 标 线

施工现场标线的图形、名称、设置范围和地点的规定见表 7-7，图 7-1～图 7-3。

标 线 汇 总 表　　　　　　　　　　　　表 7-7

图　　形	名　　称	设置范围和地点
	禁止跨越标线	危险区域的地面
	警告标线（斜线倾角为45°）	易发生危险或可能存在危险的区域，设在固定设施或建（构）筑物上
	警告标线（斜线倾角为45°）	
	警告标线（斜线倾角为45°）	
	警告标线	易发生危险或可能存在危险的区域，设在移动设施上
⚡高压危险	禁示带	危险区域

图 7-1　临边防护标线示意图
（标志附在地面和防护栏上）

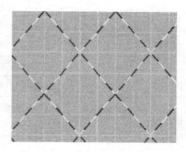

图 7-2　脚手架剪刀撑标线示意图
（标线附在剪刀撑上）

图 7-3　电梯井立面防护标线示意图（标线附在防护栏上）

第七节　制　度　标　志

施工现场制度标志的名称、设置范围和地点的规定见表 7-8。

133

制 度 标 志			表 7-8
序号	名 称		设置范围和地点
1	管理制度标志	工程概况标志牌	施工现场大门入口处和相应办公场所
		主要人员及联系电话标志牌	
		安全生产制度标志牌	
		环境保护制度标志牌	
		文明施工制度标志牌	
		消防保卫制度标志牌	
		卫生防疫制度标志牌	
		门卫管理制度标志牌	
		安全管理目标标志牌	
		施工现场平面图标志牌	
		重大危险源识别标志牌	
		材料、工具管理制度标志牌	仓库、堆场等处
		施工现场组织机构标志牌	办公室、会议室等处
		应急预案分工图标志牌	
		施工现场责任表标志牌	
		施工现场安全管理网络图标志牌	
		生活区管理制度标志牌	生活区
2	操作规程标志	施工机械安全操作规程标志牌	施工机械附近
		主要工种安全操作标志牌	各工种人员操作机械附件和工种人员办公室
3	岗位职责标志	各岗位人员职责标志牌	各岗位人员办公和操作场所

名称标志示例：

第八节　道路施工作业安全标志

高空作业车在道路上进行施工时应根据道路交通的实际需求设置施工标志，路栏，锥形交通路标等安全设施，夜间应有反光或施工警告灯号，人行道上临时移动施工应使用临时护栏。应根据现行，交通状况，交通管理要求，环境及气候特征等情况，设置不同的标志。常用的安全标志见表 7-9，具体设置方法请参照《道路交通标志和标线》GB 5768—2009 的有关规定执行。

道路施工常用安全标志

表 7-9

指示标志 图形符号	名称	设置范围 和地点	指示标志 图形符号	名称	设置范围 和地点
	前方施工	道路边		道路封闭	道路边
	右道封闭	道路边		左道封闭	道路边
	中间道路封闭	道路边		施工路栏	路面上
	向左行驶	路面上		向右行驶	路面上
	向左改道	道路边		向右改道	道路边
	锥 形 交通标	路面上		道口标柱	路面上
				移动性施工标志	路面上

参 考 文 献

[1] GB/T 7920.9—2003，土方机械 平地机 术语和商业规格[S]. 北京，中国标准出版社，2004.

[2] GB/T 14782—2010，平地机 技术条件[S]. 北京，中国标准出版社，2011.

[3] GB 25684.8—2010，土方机械 安全第 8 部分：平地机的要求[S]. 北京，中国标准出版社，2011.

[4] GB/T 25623—2010，土方机械 司机培训方法指南[S]. 北京，中国标准出版社，2011.

[5] GB/T 25621—2010，土方机械 司机培训方法指南[S]. 北京，中国标准出版社，2011.

[6] GB/T 25620—2010，土方机械 操作和维修 可维修性指南[S]. 北京，中国标准出版社，2011.

[7] 焦生杰. 国内外平地机发展现状与新技术[J]. 筑路机械与施工机械化，2008，25(3)：10-16.

[8] 姜楠，冯柯，吴国祥. 平地机的新技术展望[J]. 工程机械，2006，37(11)：44-47.

[9] Caterpillar Launches M-Series Motor Graders，Construction Digest，June 26，2006.

[10] 袁江. 小功率全液压平地机行驶驱动系统研究[D]. 西安：长安大学，2009.

[11] 于庆达. 静压传动平地机[J]. 工程机械，2006，37(4)：7-9.

[12] 三一重工. http：//www. sanyhi. com/company/hi/zh-cn/.

[13] 曾谊晖，刘爱荣. PQ190 型全液压平地机液压控制系统的设计[J]. 机床与液压，2003，31(3)：83-85.